郭壁供水泵站的运行与实践

裴双保　田完红　张志龙　编著

黄河水利出版社
·郑州·

内 容 提 要

郭壁供水泵站的运行与实践共包括3篇,第1篇为供水工程常见问答题集合,第2篇为郭壁供水物联网自动化监测与控制体系,第3篇为郭壁供水工程稳态及过渡工程数值模拟。本书提出的基本思想道理浅显、算法简单,不需要非常高深的数学知识,短期的培训就能很快地掌握、应用它。编写本书的时候,我们把读者定为我国目前面广、量大的供水系统的设计和管理运行人员。

本书可供农业水利、水利水电、城市给水排水等从事泵站工程建设管理及运行的技术人员,以及有关院校的研究人员、博士生及硕士研究生阅读和参考。

图书在版编目(CIP)数据

郭壁供水泵站的运行与实践/裴双保,田完红,张志龙编著. —郑州:黄河水利出版社,2021.5

ISBN 978-7-5509-2992-0

Ⅰ.①郭… Ⅱ.①裴…②田…③张… Ⅲ.①给水排水泵-泵站-运行-晋城 Ⅳ.①TU991.35

中国版本图书馆 CIP 数据核字(2021)第095594号

组稿编辑:李洪良　电话:0371-66026352　E-mail:hongliang0013@163.com

出 版 社:黄河水利出版社　网址:www.yrcp.com

地址:河南省郑州市顺河路黄委会综合楼14层　邮政编码:450003

发行单位:黄河水利出版社

发行部电话:0371-66026940、66020550、66028024、66022620(传真)

E-mail:hhslcbs@126.com

承印单位:广东虎彩云印刷有限公司

开本:787 mm×1 092 mm　1/16

印张:9.5

字数:220千字

版次:2021年5月第1版　印次:2021年5月第1次印刷

定价:60.00元

前　言

能源是发展国民经济、提高人类生活水平的重要物质基础。城镇供水、农业用水泵站工程的发展每年都要消耗大量的能源，如：机电排灌年耗能占全国总用电量的5%，农业用电量的44%，农用柴油量的25%。据统计，排灌机械能耗高，浪费的能源占能源投入量的25%。按此推算，目前我国机电排灌年节能潜力为24亿~30亿度。泵站工程是提水、排水或补给水源的水利工程，在水资源调配、跨流域引水、城市及工农业供水等方面举足轻重。截至2015年底，全国拥有大、中、小型固定供水泵站工程50多万处。未来10~15年是我国全面建设节水型社会的关键时期，随着国民经济快速发展及对水资源需求的增加，水资源紧张局势不断加剧，开发建设大规模、高扬程供水工程已经成为不争的现实。因此，供水系统的合理规划、设计及经济运行，努力提高供水系统的工程效益和经济效益，更好地为国民经济服务，已成为供水泵站工程在规划设计、施工安装、运行管理等方面的重要课题。

郭壁供水泵站的运行与实践共包括3篇，第1篇为供水工程常见问答题集合，第2篇为郭壁供水物联网自动化监测与控制体系，第3篇为郭壁供水工程稳态及过渡工程数值模拟。本书提出的基本思想道理浅显、算法简单，不需要非常高深的数学知识，短期的培训就能很快地掌握、应用它。编写本书的时候，我们把读者定为我国目前面广、量大的供水系统的设计和管理运行人员。

本书部分引用了我国泵站工程有关科研单位、高等院校及设计单位的科研成果，作者在此一并致谢！还要感谢关心和支持本书出版的太原理工大学水利学院的朋友们！

全书共3篇，太原理工大学吴建华教授主审了全部内容，晋城市供水保障中心裴双保高级工程师完成了12万字的编写工作量，田完红及张志龙两位工程师各完成了5万字的编写工作量，全书由吴建华教授统一定稿。

本书如能在我国泵站工程推广节能技术的今天，成为一块铺路之石或起到抛砖引玉的作用，这将是作者最大的愿望。由于泵站工程集机、泵、管、传、池、电为一体，涉及水力机械、电气设备、农田水利、城市给水排水等方面，优化的范围及内容相当广泛，受作者知识的局限性，书中定有错误和遗漏之处，欢迎读者提出批评、建议，也希望了解大家在实际工作中的经验，以便共同学习和提高。

本书的出版得到2020年山西省高等学校科技成果转化培育项目“压力管道供水系统

水力特性计算及分析软件成果转化”、2021 年山西省水利科研推广项目“山西大水网水力调度智慧云平台需求分析研究”“晋城市郭壁供水改扩建工程经济及安全运行方式研究”及“晋城市郭壁供水改扩建工程供水系统自动化监测与控制体系研究”项目计划的资助。

编 者

2021 年 3 月

目　录

第 1 篇　供水工程常见问答题集合

第 2 篇　郭壁供水物联网自动化监测与控制体系

第3篇　郭壁供水工程稳态及过渡工程数值模拟

第 1 篇　供水工程常见问答题集合

第1章　规划设计

(1)为什么供水泵站要先做好规划设计?

答:供水泵站要先做好规划设计,具体有以下作用:①根据国家基本建设的要求,供水泵站要遇旱有水,遇涝排水,保证防洪安全;要沟、渠、路、林配套,适应农业机械化的需要;要平整土地,改良土壤,促进农业全面丰收。因此,各方面的问题和相互关系要经过全面规划、统筹安排。在实施过程中,还要投放大量的人力、物力和财力,如果没有规划设计或规划设计不周,就容易出现"今年挖,明年填,后年又重来"的现象,事倍功半,既不利于群众积极性的充分发挥,也收不到预期的经济效果。②供水泵站工程是一个地区水利规划的组成部分。要旱涝保收,稳产高产,就要按照自然规律办事,因地制宜修建包括机电排灌在内的各种水利工程,进行综合治理。为了使各种水利工程能相互配合,各得其所,充分发挥它们的作用,就要把供水泵站工程纳入当地的水利规划中去。各地在水利建设中所创造的蓄、引、提结合,排、灌、降结合,旱、涝、碱兼治,三水(雨水、河水、地下水)并用等经验,都是经过全面规划、综合治理而取得的。这样才能充分发挥机电排灌工程的作用,收到费省效宏的效果,并为管好、用好供水泵站工程打好基础。③要照顾上下、左右的关系。发展供水泵站,站与站间有上下游、左右岸的关系,有地表水与地下水的关系,还有小局与大局、整体与局部的关系。要通过规划设计,妥善安排,处理好有关问题,互利互让,团结治水。④要讲究经济效益。供水泵站建设涉及水利、电力、农机及农业问题。如何建设才能收到最大的经济效果,更好地为农业生产服务,就要认真调查研究,通盘考虑,多方比较,力求经济实效,切不可只讲需要,不计成本,不讲经济核算。要经过方案比较,选择投资省、见效快、收益大的最优方案。

综上所述,做好规划设计,既有利于建设,又有利于管理运行。为了把供水泵站工程建好、管好、用好 ,在发展供水泵站时,就一定要先搞好规划设计。

(2)供水泵站规划设计需要收集哪些资料?

答:为了使供水泵站的设计切合实际,应收集以下资料:①供水区的自然情况和水土资源资料。查清其受益面积(包括水田、旱地、山区、河湖、村庄、道路、生荒杂地等)及相应高程;水旱灾害的成因及历年灾害情况,现有水利设施及其抗灾能力,已有水利规划及其与上下游、左右岸关系;社会经济状况,如农业人口、劳力、常年农副业生产水平,负担能力;排灌区农业生产规划,如作物组成、复种指数、作物改制、垦殖计划、土壤改良、其他农业机械发展计划等。②气象水文及水文地质资料。收集供水区的历年降雨量,蒸发量,洪、枯水位,平均水位及河道相应流量,径流系数,集流时间,潮汐资料,地下水资源和可能出现的最枯、最高水位等。③排灌区各种作物在不同生长阶段的耐淹、耐旱、耐渍资料,灌溉制度、灌溉方法及丰产田的排灌经验。④当地或邻近地区已建机电排灌工程的技术经济指标,包括每亩投资、每千瓦造价、群众负担能力、国家补助比例、耗用材料定额、千吨米水的能源消耗、生产成本、增产效果等。⑤当地材料的供应情况,包括材料品种、性能、价格、运输方式及运费和可供应的数量等。⑥供水区五万分之一或者万分之一的地形图、剖面图。⑦当地常用的机泵种类及性能。⑧当地能源情况，能源来源，电价及柴油价格，其他工、副业对能源的需要情况及其他有关资料。

(3)灌溉选择泵站位置要注意哪些问题？

答：供水区划定后，要选择泵站位置。泵站位置是否得当，直接影响到工程造价、工程效益和输电线路布局等。

选择泵站位置要注意的问题有：泵站要选在水质好、水源可靠的地方，在灌溉季节最低水位时，仍然有水可抽。从江河取水时，泵站要设在河槽稳定的主槽迎流凹岸边，不要设在河槽逐渐淤涨的凸岸，或者河床较高的汊港上。小支流出口的上下游，也不宜选作站址，因洪水期间容易淤积，影响泵站进水。在平原灌溉区，泵站应选在灌区地势较高又易于取水的地方，以便联系渠系，控制全灌区，并可节省土方和减少压废土地。丘陵山区从江湖、水库中取水时，站址应尽量靠近灌区一边。有受洪水威胁的地方，若洪、枯水位变化不大，泵站应建在洪水位以上，以免被洪水淹没；若限于机泵条件或洪、枯水位变化过大，可采用浮式泵船或升降式泵车，以适应水位变化；也可开挖引渠，在饮水河口建防洪设施，置泵站于防洪设施之后以保证泵站汛期安全。

泵站基础地质条件要好，堤岸要兼顾，应尽量避开软基、流沙和湿陷性土质，同时土石方开挖量要小，以降低工程造价。从大江取水的泵站，泵站不要伸入江中，以免影响汛期泄洪。

(4)怎样确定多级泵站的经济扬程？

答：对高扬程提水工程，当灌区确定后，不论是一级提水还是多级提水都要加以研究和比较。因为提水(如果设备可能)要将全灌区所需的水量都提到灌区的最高控制点，再流向低处，往往高抽低用，浪费动力。若按灌区高程分级提水、分级灌溉，就可节省动力，但要多建站，建设费用要增加。有的地方受地形限制，也影响泵站级数的设置。确定各级站位置时，通常用所谓“最小功率法”计算。即先拟定出各级站的扬程，然后用各级站所控制的面积及抽水量计算各站所需的功率，如果求出的各级站功率的总和为最小，则这时各站的扬程及由此而确定的站址位置就是能耗最少的。计算方法有解析法和图解法两种。解析法是先假定各级泵站的扬程，列表进行演算，计算工作量大，不如图解法简便。最小功率图解法的原理简述如下：

设 H_1、H_2、H_3…为各级泵站的扬程，A_1、A_2、A_3…为各级泵站的灌溉面积，θ_1、θ_2、θ_3…为高程—面积曲线上相应高程处的切线倾角，经过数理分析，当 $H_1 = A_1\tan\theta_2$，$H_2 = A_2\tan\theta_3$…时，多级站的总功率最小。即各级站的扬程分别等于该站在高程—面积曲线上的斜率，乘以相邻较低一站的灌溉面积时，其总功率最小。

(5)如何确定排灌站的流量？

答：在排灌面积不大的机电排灌区，灌溉流量的计算，常以干旱无雨而农作物需水最多时的用水量，作为灌溉流量的设计依据。农作物的高峰用水量因作物种类和耕作制度不同而异。如水稻常以泡田插秧期或烤田后第一次灌水时的用水量来设计灌溉流量。在种植双季稻的地方，在早稻收割、晚稻插秧时，时间最短，气温高，泡田水量大，再加上其他农作物需要补水，用水高峰也很突出。近年来，由于治虫、防霜冻的需要，在短时间里，要求大面积同时灌水，也会出现用水高峰，用于作为设计参考之用。

泡田用水量的多少与土壤类别和地下水位有关，可根据当地的实际情况确定，一般黏土和壤土每亩（1 亩 = 1/15 hm^2）泡田需水 80 m^3 左右，砂壤土为 80~100 m^3，轻砂壤土为 100~160 m^3。

旱地作物以每亩一次的灌水定额作为设计灌溉流量依据，一般多在 50 m^3 左右，设计时按当时当地的实际情况而定。根据农作物每亩的灌溉用水量（灌溉定额）、灌溉面积、轮灌天数、每天开机时间和渠系水有效利用系数等用式（1-1-1）计算灌溉流量。

$$Q = \frac{\sum mA}{3\ 600Tt\eta} \qquad (1\text{-}1\text{-}1)$$

式中：Q 为灌溉流量，m^3/s；$\sum mA$ 为灌区用水高峰时各种农作物同一时段内总需水量，m^3；m 为用水高峰时，同一时段内各种农作物的灌溉定额，m^3/亩；A 为用水高峰时，同一时段内各种农作物的灌溉面积，亩；T 为轮灌天数，d，水稻泡田期为 7~10 d，生育期补水为 3~7 d，治虫为 2~3 d，旱地为 5~15 d；t 为每日开机小时数，h，在正常情况下，电动机为 22 h，柴油机为 20 h，如果电灌考虑调荷、避峰、停电等因素，可根据实际开机时间计算；η 为渠系水有效利用系数（%），若无实测资料，水稻区可用 70%~90%，旱地用 60%~80%。

在引、蓄、提结合的地方，若有库塘水可用，则机电提水流量计算公式为

$$Q = \frac{\sum mA - w}{3\ 600Tt\eta} \qquad (1\text{-}1\text{-}2)$$

式中：ω 为库塘可用水量，m^3；其他符号同前。

也有用田间灌水深度来计算灌溉流量的。若已知田间灌水深度为 h mm，则每亩需水量为

$$m = 0.667h = \frac{2}{3}h\ (m^3) \qquad (1\text{-}1\text{-}3)$$

若已知每亩需灌水 100 m^3，则田间灌水深度为

$$h = 1.5\ m \qquad (1\text{-}1\text{-}4)$$

排涝流量的计算受多方面的影响。一是根据设计暴雨频率，计算排涝区的水、旱地（包括村庄道路）等有多少积水要排除，如有的地方是以 1 日降雨 200 mm，2 日排干作为设计排涝流量的依据；二是排涝区的河网可以调蓄多少水量；三是田间容许的滞留水深；四是有多少水可以自流排出；五是圩堤涵闸的渗流量有多少；六是计划用水泵抽几天可以把涝水排除（排水期间蒸发量不予计算）。根据以上有关因素，得排涝流量的计算公式为

$$Q = \frac{0.667A_{稻} \times (P - h_{蓄}) + A_{旱} \times cP - A_{网}(h_{降} - P) - V}{3\ 600Tt} + q \qquad (1\text{-}1\text{-}5)$$

式中：Q 为排涝流量，m^3/s；$A_{稻}$、$A_{旱}$、$A_{网}$分别为排涝区的水田、旱地、河网面积，亩；P 为设计暴雨量，mm；$h_{蓄}$为水田允许滞留水深，mm；c 为旱地径流系数，一般为 0.6~0.9；t 为每日开机时数，h；$h_{降}$为内河预降水深，mm；V 为自流排出水量，m^3；q 为圩堤涵闸渗入流量，m^3/s；T 为排水天数，d。

进行农田水利规划时，为了便于设计计算，常根据设计暴雨量、径流系数、作物耐淹时

间等因素,计算出每平方千米的排水量,称为“排水模数”。同样,也可以根据作物的需水量、轮灌区等因素,计算出每万亩或每平方千米需要的灌溉流量,叫作“灌溉模数”。根据排灌模数和排灌面积也可去除排灌流量。相互关系为

$$Q = \frac{Aq}{10\ 000}(\mathrm{m^3/s}) \tag{1-1-6}$$

式中:Q 为排(灌)流量,$\mathrm{m^3/s}$;A 为排(灌)面积,亩;q 为排(灌)模数,$\mathrm{m^3/(s \cdot 万亩)}$。

若 q 的单位为 $\mathrm{m^3/s}$,A 的单位为 $\mathrm{km^2}$,则

$$Q = \frac{Aq}{1\ 500} \tag{1-1-7}$$

式中:1 500 为每平方千米 1 500 亩。

机电排灌在引用排灌模数时,要考虑机电设备往往不能每天 24 h 连续运行这一因素,将式(1-1-6)、式(1-1-7) 修正为

$$Q = K\frac{Aq}{10\ 000} \quad 或 \quad Q = K\frac{Aq}{1\ 500} \tag{1-1-8}$$

式中:K 为系数,$K=24/t$,t 为每天开机小时数,h。

(6)如何确定排灌站的扬程?

答:排灌站的扬程(所需扬程)包括损失扬程和净扬程(又称实际扬程)两部分。损失扬程可根据管道的布置情况,通过计算求得。净扬程是排灌站的上下水位差,也就是出水池水面和进水池水面的高差。如果出水池管口不是水下出流,而高于出水池水面时,上水位则以出水管口中心的高度为准。这种出流形式俗称为“高射炮式”出流,此种出流方式增加扬程,浪费动力,不宜采用。

因为灌溉和排涝上下水位变化情况是不同的,现在分别介绍如下。

①灌溉站。灌溉站的上水位即出水池水位,要求能使灌溉用水顺利地流到田间,具体计算方法与自流渠系相同,由田间逐渐推求到渠首,可用下式计算:

$$h_{上} = E_1 + d + \sum il + \sum h_{\mathrm{f}} \tag{1-1-9}$$

式中:$h_{上}$ 为出水池设计水位,即上水位高程,m;E_1 为渠尾有代表性田块的高程,m;d 为田间最深灌水层,m;$\sum il$ 为从田间到渠首各级渠道的输水损失水头总和,m;l 为渠道长度,m;i 为渠道比降;$\sum h_{\mathrm{f}}$ 为从田间到渠首,水流经各种过水建筑物的局部水头损失总和,m。

灌溉站的上水位随着灌溉期间用水量的不同而有所变化,但变化幅度不大,因此以设计流量相应的水位作为上水位,即出水池设计水位;灌溉站的下游水位,即进水池水位,在直接从江河或水库中取水的泵站,由于水源水位变化大,除考虑设计下水位外,还要考虑汛期的防洪问题和水泵的安装高程,使枯水时仍能正常抽水。设计水位有三:一为设计下水位,用以确定泵站设计扬程,通常采用一般年份灌溉期间水源水位过程线平均值 ,作为设计下水位 $h_{下}$ 的依据;二为设计最高下水位,用于校核水泵的工作点和确定泵站的防洪问题,灌溉期间多年最高日平均水位或最高旬平均水位,作为设计最高下水位;三为设计最低下水位,用于确定水泵的安装高程和进水闸底板高程,一般可取保证率 90%~95%的

情况下，用灌溉期间水源水位过程线的日平均或旬平均最低水位，作为设计最低下水位。中小型灌溉站的设计净扬程 $H_{净}$ 可由设计灌溉上、下水位求得，即

$$H_{净}=h_{上}-h_{下} \tag{1-1-10}$$

如果用设计最低下水位来设计灌溉扬程，则水泵大部分时间不在这种扬程内运行，是不经济的。因此，一般要求是：首先根据设计下水位选定水泵；再用最低下水位进行校核，其工作点应该落在水泵高效率区，流量能满足灌溉要求。否则，另选其他水源。

②排涝站。排涝站的上水位有三个参考水位：一是在设计频率时，汛期外河的平均高水位，采用汛期洪水过程线的平均值，作为设计泵站扬程和选择水泵的依据。二是设计最高外水位，采用汛期多年最高日平均水位，或最高旬平均水位，用以校核水泵是否仍能安全运行、动力有无超载的危险，不能用作设计扬程和选用水泵的依据。因为大部分年份水泵都不在这种扬程下运行，不能充分发挥工程效益。三是设计最低外水位，用以决定出水管口的高程。一般取排水期最低水位的多年平均值为排涝站的最低外水位。

排涝站的下水位因作用不同分为以下5种。

a. 圩内正常水位。是汛期圩内经常控制的水位，作为设计排水净扬程下水位的依据，其计算公式如下：

$$h_{低}=E_2-d_2-\sum il-\sum h_f \tag{1-1-11}$$

式中：$h_{低}$ 为圩内起排水位，m；E_2 为圩内一般低田的地面高程，m；d_2 为汛期内河水面低于田面的高度，m；$\sum il$ 为从低田到各级排水渠道的输水损失水头总和，m；$\sum h_f$ 为从低田到泵站各种排水建筑物的局部水头损失总和，m。

b. 预降水位。有预降条件的圩区，汛期预降水位，增加内河调蓄能力，也可作为设计下水位的依据。

c. 脱险水位。是突击排涝时使用的水位，一般以田面为准，是使农作物免受损失的下水位。

d. 排渍水位。是冬季降低地下水的水位，和外河最高水位不会同时发生，一般用作水泵安装高程的参考，不作为计算扬程的依据。

e. 排涝站的净扬程。

$$H_{净}=h_{高}-h_{低} \tag{1-1-12}$$

式中：$h_{高}$ 为汛期外河平均水位，m；$h_{低}$ 为圩内排涝时的下水位，以圩内正常水位或预降水位为依据，m。

(7)什么是经济扬程？

答：经济扬程即经济合理的提水高度。在进行供水泵站建设时，随着扬程的提高，能量相应增大，灌溉成本随之提高，经济效益随之下降。当扬程超过某一限度时，抽水灌溉的成本可能高于农业的经济效益，增产而不能增收。因此，在规划兴建抽水灌溉工程时，必须把提水高度限制在一定范围内，使农业能获得一定的纯收益，这时的提水高度才是经济合理的，称为经济扬程。

影响经济扬程的主要因素有装置效率、渠系利用系数、灌区农业生产水平、能源价格、运行管理水平等。在某一个地区或某一项工程中，可以根据当地的具体情况，对提水高程

提出一个适当的范围,供规划时参考使用。目前已有的经济扬程计算方法分述如下:

①抵偿年限法。用泵站建成投产后的每年纯收益值除建站总投资,得出投资全部收回的年限。这种方法称为抵偿年限法。当扬程较低时,因建站投资和运行管理费小,泵站的经济效益较大,抵偿年限就较短;反之,抵偿年限就较长。因此,可用抵偿年限的长短来评价泵站扬程是否经济合理。但抵偿年限根据什么原则确定,不易掌握,有定为5年的,也有定为10~15年的。

②水费负担能力法。即根据当地的经济条件和群众的生活水平制定出水费的负担能力,使灌溉成本小于当地的水费负担能力。经推算得出电灌地区的经济扬程为

$$H_E = 367\eta_{装}\ \eta_{渠}\frac{KD}{Me} \tag{1-1-13}$$

机灌地区的经济扬程为

$$H_E = 1\ 350\eta_{装}\ \eta_{渠}\frac{KD}{M\mu} \tag{1-1-14}$$

式中:$\eta_{装}$为机组装置效率(%);$\eta_{渠}$为渠系水有效利用系数(%);K为电费(或燃料费)在灌溉成本中所占的比重(%);D为当地水费负担能力,元/亩;M为作物灌溉定额,m^3/亩;μ为柴油单价,元/kg;e为当地农业电价,元/(kW·h)。

这个办法考虑了有关因素,可以直接求出经济扬程,但式中K、D值难以定量确定,而且也不可能反映出在此扬程时灌溉效益的大小。

③净增产值系数。即根据作物的净增产值应大于灌溉成本的原则计算经济扬程,得出如下公式:

$$KC = B \tag{1-1-15}$$

式中:C为抽水灌溉后的净增产值,元/亩;B为灌溉成本费,元/亩,$B<C$;K为灌溉成本和净增产值的比值,$K<1$。

B随着扬程高低变化,C值与扬程高低无关,若确定了K值即可求出经济扬程。但如何确定K值尚无定论。各地可总结已有的机电提水工程,求出适合当地的K值,或假定一系列扬程,通过试算求出当灌溉成本和净增产值相等时的扬程,此时$K=1$,该扬程称为“极限扬程”,即提水灌溉扬程不能超过此限。

(8)选配机电排灌设备要注意哪些问题?

答:当机电排灌站需要的流量和扬程确定后,就可以选择适宜的排灌设备了。排灌设备主要是水泵和配套的机电动力。选配水泵,可根据水泵样本选择合适的型号和台数。如果水泵的单台流量小,水泵台数就要增加;如果单台流量过大,台数就可减少。一座泵站究竟装几台水泵合适,要通过方案比较来决定。因为大泵效率高,单位造价低,管理方便,年费用少;而小泵台数多,调节流量的灵活性大,又便于动力的综合利用。根据一些中小型的排灌站的运行经验:灌溉流量在0.2 m^3/s以下的泵站,一般选1台或2台;而排涝流量在0.5 m^3/s以下的泵站,一般只选用1台泵;排灌流量较大时,水泵不应少于2台,较适合的台数是3台或4台,最多不超出8~10台。选择水泵还要注意选用已经定型的,成批生产的标准化、系列化产品,以便于施工和运行管理。不要一站只设1台大泵或设几十台各种型号的小泵。

(9)供水泵站技术改造的主要技术点有哪些?

答:在已建的机电排灌中存在着配套不合理、装置效率低,或者设备陈旧、质量不高等问题,可以通过技术改造或重新规划设计等加以解决,以挖掘设备潜力,提高工程效益。主要技术点有:改造老机组。在发展机电排灌较早的地区,有一些水泵扬程偏高,不合适当地的实际情况,或者泵型陈旧,制造粗糙,效率不高,常用的改进办法有:

①更换水泵叶轮。如江苏省苏州地区用圬工泵叶轮代替PV型旧系列叶轮,水泵效率可提高10%;广东省用140C高比速叶轮代替28ZLB-80低比速叶轮,水泵出水量增加10%~20%;如果重新设计叶轮有困难,也可换用小叶轮,或车削叶轮,对轴流泵可以改小叶片安装角度等办法,以降低水泵扬程,提高水泵效率。在水位变化幅度大,但变化不频繁的地方,可采用一泵多轮的办法,做季节性调节使用,采用不同的叶轮直径或不同比转速的叶轮,如灌溉采用一套叶轮,排水采用另一套叶轮,以适应水位变化的需要。

②改进传动装置。用间接传动时,可更换水泵皮带轮,以降低水泵转速,使水泵流量、扬程、配用功率都有所下降。若流量可以满足排灌需要,则配用功率可以减小;若流量不满足需要,而配用功率仍有裕度,可采用"一机托双泵"的办法,使动力得以充分利用。也有根据排灌的不同要求,采用两套皮带轮:一套用于灌溉;另一套用于排涝、调换皮带时,不必拆开水泵,比调换叶轮方便。

为了提高传动效率,当机、泵转速相同或相差不多时,可改间接传动为直接传动,或改平皮带传动为三角皮带传动。

③改进水泵零部件。如有的水泵叶轮铸造粗糙,经过打磨提高光洁度,水泵效率会有所提高;有的叶轮没有调试平衡,发生振动,轴承磨偏,应重新校验或更换叶轮和轴承;有的泵泄漏损失大,需要更换减漏环或叶轮等。总之,对旧泵要进行定期维修检查,更换旧损零部件,水泵效率就能有所提高。

④调整配套动力。有的站在设计时,以历史上较严重的旱涝年份出现的枯水位和洪水位作为设计水位,结果扬程过高,配备功率偏大,一般年份水泵都不在高效区运行,排灌设备不能充分发挥作用。也有的站原有配套不合理,存在"大马拉小车"或"小马拉大车"的情况。前者多用动力,多耗油、电,后者使动力超载,都极为不利。要根据合理配套原则,调整配套动力。

⑤改进管道装置。如设法缩短管道长度,减少弯头数量,取消"三阀",调整水泵安装高度,改变"高射炮式"的出流形式,采用经济管径等,减少损失水头,提高水泵效率,增加出水量,降低能源单耗。

⑥健全排灌渠系。排灌渠系是机电排灌站的重要配套工程,要沟、渠、涵、闸配套,干、支、斗、毛齐全,做到排灌畅通,控制自如。各级渠道的高低、大小要合乎设计要求,要注意渠道的施工质量和防渗问题,并认真做好维修养护工作,以提高渠系水有效利用系数。有条件地区和库、塘、堰、坝的渠系联通,以利于蓄、引、提结合。在适宜的地方也可修建地下渠道,少占耕地面积,又可以提高灌溉效率。有了健全的排灌区系,用水管理工作才得以顺利展开,节水、节电、节油的效果也将更加显著。健全排灌渠系是一项花费不大、见效快的配套挖潜工作,要引起足够的重视。

第2章　水泵和管路

(1) 俗话说:“水往低处流”,而水泵为什么能使水往高处流?

答:要想了解水泵的扬水道理,首先必须了解水流流动的根本原因是什么,原来水流的流动是由于能量差形成的,具有较高能量的水总是向低能量方向流动。水的能量有位能、动能和压能等,它们可以相互转换。在一般情况下,水之所以从高处流向低处,如渠水的输送、江河的奔流、瀑布的下泄,就是因为高处的水具有较高的能量(位能)。如果低处的水也能具有较高能量的话,低处的水就会流向高处。如拧开自来水龙头,水就会流出。水泵的作用就在于提高水的能量。例如离心泵,当水通过水泵高速旋转的叶轮时,叶轮就把旋转的机械能传给水,使水的能量增加,当水泵出口处的能量(主要是离心力转化的压能)增大到一定程度时,水就会沿管路扬升至一定高度处。又如轴流泵中水流能量的增加,是由于叶轮旋转给水以向上的推力而形成的;活塞泵是靠活塞往复运动给水以挤压力使水的压能提高,把水押送到高处或远方。其他各类提水设备,都是以不同方式提高水的能量(动能、压能和位能)而完成扬水任务的。

(2)常听到“绝对压力”“相对压力”“表压力”“真空值”和“真空度”等名词,含义和相互关系是什么?

答:概括地说,这些名词是从不同的角度,以不同的方式表示压强,都和大气压力有关。说明如下:如图1-2-1所示,在泵进、出口①和②处分别装上测压管(U形管),就会发现,出水侧测压管中水面高于泵轴线0′—0′,而进水侧测压管中水面不仅不升反而下降到水泵轴线0′—0′以下。这是什么原因呢?首先研究泵出口②点水流所受的压力是多少。

表面上看,②点的压力就等于测压管中的水柱高 $h_{2(相)}$,这一水柱高所形成的压力 $p_{2(相)}$,称为水泵出口处即②点的相对压力,并有 $p_{2(相)}=\gamma h_{2(相)}$ 。事实上,②点测压管的水面上还作用有大气(空气)的压力 $p_{大气}$,如果把大气压力也考虑在内,则②点所受的全部压力叫该点的绝对压力 $p_{2(绝)}$,即

$$p_{2(绝)}=p_{大气}+p_{2(相)} \tag{1-2-1}$$

或

$$p_{2(相)}=p_{2(绝)}-p_{大气} \tag{1-2-2}$$

为了形象地表示绝对压力和相对压力的关系,可在水泵轴线0′—0′下作一条0—0水平线,使两线的距离恰好为1个大气压(约10 m水柱高),则从0—0线到②点测压管水面的垂直距离 $h_{2(绝)}$ 就是②点的绝对压力(水柱高)。从0′—0′线(称为相对压力零点线)到测压管水面的距离 $h_{2(相)}$ 就是②点的相对压力。从图1-2-1可以看出: $h_{2(相)}=h_{2(绝)}-H_{大气}$,即相对压力等于绝对压力和大气压力之差。可见,所谓相对压力是相对大气压力而言的。任意点的压力如果计入大气压力就是绝对压力,不计入大气压力就是相对压力。由于各种仪表在大气中读数都为零(或整定为零),所以测出的压力都是相对压力。因此,相对压力也叫“表压力”或“计示压力”。

下面研究进口①点的压力表示方法。U形管中开口端水面所以低于泵轴线0′—0′,

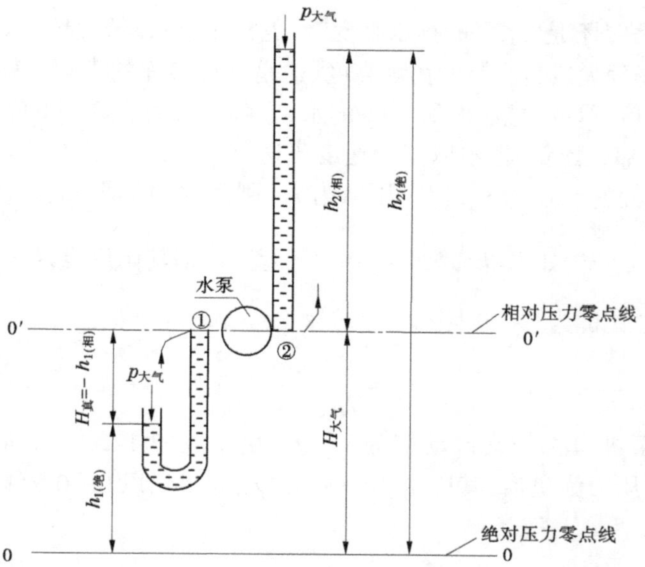

图 1-2-1　压强表示方法及其相互关系示意图

是因为①点的绝对压力小于 1 个大气压。我们知道，U 形管开口端水面承受的是 1 个大气压，而①点位于该水面以上 $H_{真}$ 的距离，根据连通管原理，①点的压力比大气压要小 $H_{真}$ m 水柱高，$H_{真}$ 叫作该点的真空值。显然，①点的真空值就等于 $H_{真}$ m 水柱高。U 形管中水面越低，说明①点的压力比大气压要小得多，即该点的真空值越大。如果 U 形管中水面和 0′—0′线齐平，说明①点的真空值为零；如果降至 0—0 线，则①点的真空值等于 1 个大气压。可见，①点的真空值是在 0(最小)到 1 个大气压(最大)范围内变动的。真空值加绝对压力等于 1 个大气压力。真空值的大小可用真空度 V 来表示：

$$V=\frac{H_{真}}{H_{大气}}\times 100\% \tag{1-2-3}$$

有时为了和泵出口压力对比，把进口处的压力也用绝对压力和相对压力表示较为方便。因为 0′—0′线是相对压力零点线，U 形管水面低于该线，所以相对压力为负值，即①点的相对压力如用水柱高表示，其值为 $h_{1(绝)}$($h_{1(绝)}=p_{1(绝)}/\gamma$)；该点的绝对压力则为从 0—0 线算起的 $h_{1(绝)}$($h_{1(绝)}=p_{1(绝)}/\gamma$)。

综上所述可知，①点的压力是能用不同方式表达的。举例说，如果大气压为 19 m 水柱高，泵进口①处 U 形管水面比 0′—0′线低 3 m，则①点压强可分别表示为

真空值=3 m 高水柱=0.3 kg/cm²=220.7 mm 水银柱高(或相对压力=−3 m 水柱高=−0.3 kg/cm²)；

绝对压力=$p_{大气}+p_{1(相)}=1.0+(-0.3)=0.7$ 大气压(kg/cm²)=7 m 水柱高；

真空度=$\frac{H_{真}}{H_{大气}}\times 100\%=\frac{3}{10}\times 100\%=30\%$。

可见，数值的大小和正负号的不同，不是表明该点压力发生了变化，而是由于该点的

表示方法不同。

(3)水泵扬程是不是"水泵的扬水高度"? 怎样测定水泵扬程?

答:把水泵扬程说成是水泵的扬水高度,这是一种表面的理解。确切地说,水泵扬程是指水通过水泵后,单位质量(例如 1 kg 的水)实际所获的能量。单位水重所具有的能量简称为"比能"。靠此能量,把水以某一速度压送至一定高度。如图 1-2-2(a)所示,设水流在水泵出口②处的流速为 v_2,相对压力为 p_2,则由水力学可知,水流具有的比动能为 $v_2^2/2g$, 比压能为 p_2/γ ,如果以水泵轴线 0—0 为基线,则其比位能 $H_2 = \frac{v_2^2}{2g} + \frac{p_2}{\gamma} + \Delta Z$ 。所以,②处水流的总比能为

$$H_2 = \frac{v_2^2}{2g} + \frac{p_2}{\gamma} + \Delta Z \tag{1-2-4}$$

同理,在水泵进口①处其比动能为 $v_1^2/2g$;由于在图 1-2-2(a)所示的装置情况下,①点水流的相对压力为负值,其比压能为 $-p_1/\gamma$,如果仍以 0—0 为基线,则①点所具有的总比能为

$$H_1 = \frac{v_1^2}{2g} + \left(-\frac{p_1}{\gamma}\right) + 0 = \frac{v_1^2}{2g} + - \frac{p_1}{\gamma} \tag{1-2-5}$$

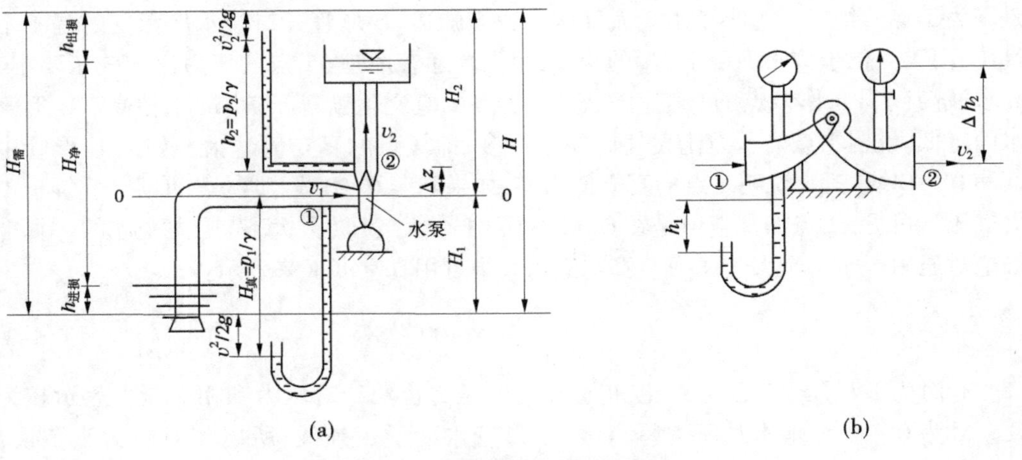

图 1-2-2　水泵扬程及量测示意图

当水流以此比能 H_1 进入水泵后,在高速旋转叶轮的作用下,使水的能量增大。因此,当水流只从水泵出口时,它的总比能从 H_1 增至 H_2,显然,水泵出口和进口总比能之差就是水泵通过水泵后实际获得的总比能 H ,即

$$H = H_2 - H_1 = \left(\frac{v_2^2}{2g} + \frac{p_2}{\gamma} + \Delta Z\right) - \left(\frac{v_1^2}{2g} - \frac{p_1}{\gamma}\right)$$

或

$$H = \frac{v_2^2 - v_1^2}{2g} + \frac{p_1 + p_2}{\gamma} + \Delta Z \tag{1-2-6}$$

由于比压能 $\frac{p_1}{\gamma}$ 和 $\frac{p_2}{\gamma}$ 是压力 p_1 和 p_2 在水泵进、出口处所能形成的压水高度,所以可

称为压扬程；比动能是流速 v 所能转换的水柱高度，即在空气中能喷射的垂直高度，故称动扬程。比位能 ΔZ 是相对于某基准面的一段垂直距离。它们的单位都可以用 m 水柱高度表示，所以水泵总比能的单位是 m 水柱高。这样就可以用几何高度形象地表示出总比能的大小。因此，把泵的总比能一般称为水泵总扬程或简称水泵扬程。

从式(1-2-6)中可以看出，水泵扬程中，既包括压扬程，也包括动扬程，所以不能把它理解为水泵的实际扬水高度。如果水泵进、出口直径相同，则 $v_1 = v_2$，此时 $\frac{v_2^2 - v_1^2}{2g} = 0$，同时在一般情况下 ΔZ 值较小(或等于零)，可不计入，则式(1-2-6)可简化为

$$H = H_{真} + h_2 = \frac{p_1}{\gamma} + \frac{p_2}{\gamma}(\mathrm{m}) \tag{1-2-7}$$

即水泵扬程是进、出口压扬程之和。

对一台水泵而言，扬程并不是一个常数，当泵转速不变时，扬程一般随过泵的流量的增大而减小，即泵的扬程大小只和过泵流量有关，而和管路系统、水池水位变化等外界条件无直接关系。水泵铭牌上或规格表中所列扬程，叫作“额定扬程”，此时所对应的流量称为“额定流量”(在此工况下水泵效率最高)。

在实际中，要确定某一流量下的水泵扬程时，只要测出水泵进出口的压力 p_1 和 p_2，并测出水泵流量，再根据流量求出泵进、出口的断面平均流速 v_1 和 v_2，代入式(1-2-6)即可求出水泵扬程 H。

泵出口处压力 p_2 的测定，一般多采用金属压力表(弹簧管压力计)，表盘上压力读数的单位是 $\mathrm{kg/cm^2}$；在水泵进口测定真空值时，多采用金属真空计或采用内装水银的 U 形管，如图 1-2-2(b)所示，其读数单位一般用 mm 水银柱高表示。但水泵扬程单位是 m 水柱高，所以在实际应用中，必须把它们换算成 m 水柱高。

(4)什么叫“净扬程”和“所需净扬程”？它们和“水泵扬程”有何区别和联系？

答：净扬程(又称实际扬程、几何扬程、地形扬程等)是指进水池水面到出水池水面间的垂直距离(对自由出流指的是到管出口中心的距离)，即实际的扬水高度。如图 1-2-2(a)和图 1-2-3 所示。它主要取决于排灌区的地形，所需净扬程是指把单位质量(如 1 kg)的水扬 H 净高度所需要的能量。因为扬水必须通过管道，所以把水扬送 $H_{净}$ 高度所需的能量，除把水的位能提高 $H_{净}$ 外，还要加上因克服水和管路之间的摩阻而损耗的能量，即所需净扬程 $H_{需}$ 为

$$H_{需} = H_{净} + h_{损} = H_{净} + (h_{进损} + h_{出损}) \tag{1-2-8}$$

式中：$h_{损}$ 为每单位水重由于管路摩阻而损失的能量(或称损失扬程)；$h_{进损}$ 和 $h_{出损}$ 分别为进水管和出水管的损失扬程。

在选择水泵时，所需扬程 $H_{需}$ 是选定水泵扬程 H 的依据。为了满足扬水需要，所选水泵扬程 H 应大于或等于 $H_{需}$，即 $H \geqslant H_{需}$。显然，H 和 $H_{需}$ 是两个不同的概念，$H_{需}$ 是把水扬至某一高度所需要的能量，H 是水泵本身所能提供的能量(扬程)，供需平衡或供大于需才能完成扬水任务。在实际中，为了计算 $H_{需}$，常根据管路长短粗估 $h_{损} = (10\% \sim 20\%) H_{净}$，求出 $H_{需}$，然后选定水泵扬程 H。当管路有关尺寸确定后，再求出较准确的 $h_{损}$ 加以校核。决不能根据 $H_{净}$ 的大小去选定水泵的扬程。

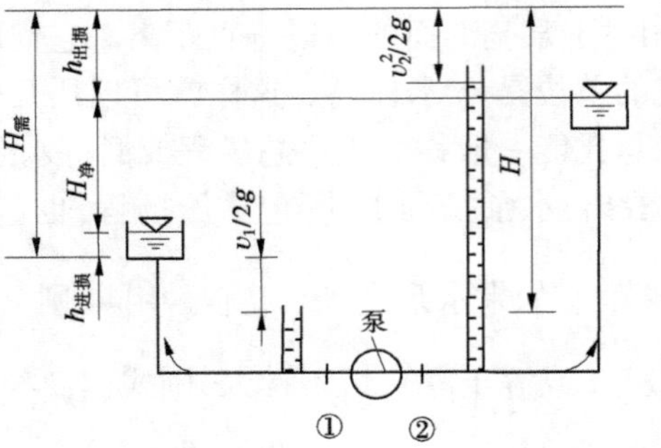

图 1-2-3　净扬程、所需净扬程和水泵扬程关系示意图

在水泵运行中，不管流量如何变化，H 和 $H_{需}$ 始终保持恒等，即 $H \equiv H_{需}$。譬如说，由于某种原因 $H_{需}$ 减少(如出水池水位下降)，这时将出现 $H>H_{需}$，但这是不可能的，因为水泵有了多余的能量，必然使管中流速加快，流量增加，由此而导致管路损失扬程 $h_{损}$ 的增大，所以 $H_{需}$ 加大，二者又达到新的平衡工况。反之，$H<H_{需}$，例如出水池水位上升，管中流速减速，H 增大并自行调整到满足 $H=H_{需}$ 的条件为止。

(5)什么叫水泵的“吸上真空高度”“临界吸上真空高度”“允许吸上真空高度”和“吸水高度”？它们之间有什么关系？水泵吸水高度怎么计算？

答：不要把水泵的“吸上真空高度”和“吸水高度”混为一谈。

所谓水泵的吸上真空高度，是指以 m 水柱高表示的水泵进口处的真空值 $H_{真}$，见图 1-2-4(a)。

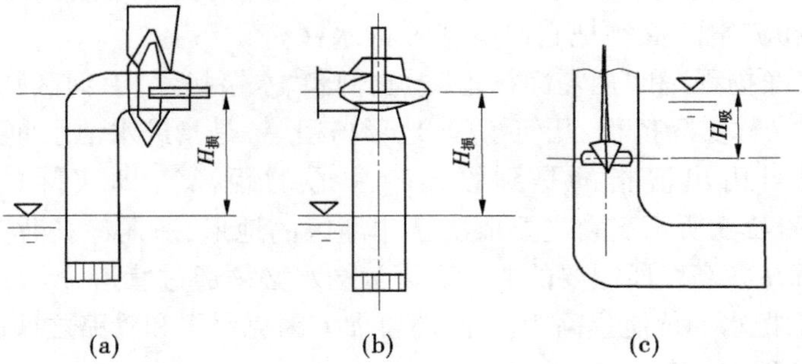

图 1-2-4　水泵吸水高度

水泵的临界吸上真空高度 $H_{临真}$，是在过泵流量保持不变时设法改变水泵进口处真空值，当其真空值增大(绝对压力减小)到某一数值时，泵的叶轮进口附近的水发生汽化，泵中开始出现汽蚀，这时，在水泵进口以 m 水柱高表示的真空值叫作临界吸上真空高度；当流量变为另一个不变值时，用同法可得这一流量时的另一临界吸上真空高度值。对一台水泵而言，相应于每一流量，有一个与之相应的固定的 $H_{临真}$。由于流量越大，叶轮进口处的流速越大，泵内越容易出现汽蚀，所以水泵的临界吸上真空高度 $H_{临真}$ 随流量的增加而减少。显而易见，$H_{临真}$ 就是最大流量所对应的“吸上真空高度”值。大于此值由于出现汽蚀，泵就不能正常运行了。$H_{临真}$ 的大小和吸水管路无关，主要取决于水泵叶轮进口的结构

和过泵流量。

为使水泵不发生汽蚀，保证水泵正常工作，水泵入口处的真空值应小于 $H_{临真}$。为此，提出了"允许吸上真空高度" $H_{允真}$ 的概念，它是相应流量时，最大允许的水泵进口处的真空值，该值应小于 $H_{临真}$。根据我国相关规范的规定：$h_{允许} = h_{临真} - 0.3$ m。

水泵的吸水高度是指从吸水池水面到泵轴中心线（对卧式泵）或叶轮中心线（对立式泵）的垂直距离，如图 1-2-4 所示。泵轴中心线或叶轮中心线在水池水面以上时，叫正吸水高度；反之，叫负吸水高度。

我们可以把水泵吸水高度 $H_{吸}$ 想象为吸水管中不流动时水泵进口处真空值。这时假定进口处绝对压力为 $H_{1(绝)}$，则两者之和应等于大气压力 $H_{大气}$，如图 1-2-5 所示。

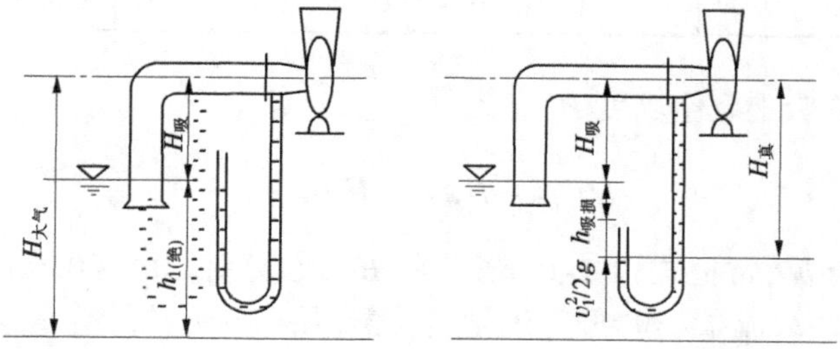

(a)水不流动时泵进口真空值，即 $H_{吸}$　　(b)水流动时泵进口真空值

图 1-2-5　$H_{吸}$ 和 $H_{真}$ 的关系示意图

即

$$H_{真} = H_{吸} + h_{吸损} + \frac{v_1^2}{2g} \tag{1-2-9}$$

水一旦流动，进口处的真空值将进一步扩大，即其绝对压力（或压能）下降，其压能的一部分转换为水泵进口处的动扬程 $v_1^2/2g$；同时由于水沿管道流动至进口处，各种水力摩阻也要消耗一部分压能，设所损失的扬程为 $h_{吸损}$。这时，水泵进口处的真空值将是（见图 1-2-5）：

$$H_{真} = H_{吸} + h_{吸损} + \frac{v_1^2}{2g}$$

或

$$H_{吸} = H - h_{吸损} - \frac{v_1^2}{2g} \tag{1-2-10}$$

如将式（1-2-9）中的 $H_{真}$ 用额定流量时的 $H_{允真}$ 代替，求出的 $H_{吸}$ 就是该流量时最大允许的吸水高度，即

$$H_{允吸} = H_{允真} - h_{吸损} - \frac{v_1^2}{2g} \tag{1-2-11}$$

在实际应用式（1-2-11）时应注意：

其中 $H_{允真}$ 一般是指大气压为 10.3 m 水柱高、水温在 20 ℃条件下、额定流量时的水泵进口的"允许吸上真空高度"，可从水泵铭牌或样本中查得。气压的降低和水温的升高都会使 $H_{允真}$ 值变小，从而降低水泵的吸水高度，所以应对该值进行修正。

大气压的修正值为

$$\Delta H_{大气} = 10.3 - H_{大气} \tag{1-2-12}$$

式中：$H_{大气}$为水泵安装地点的大气压力(m 水柱高)，可从有关手册中查出；大气压力也可根据海拔每升高 900 m，大气压力降低 1 m 水柱高进行估算。

不同的水温有不同的汽化压力$\frac{p_{汽}}{\gamma}$，水温越高，$\frac{p_{汽}}{\gamma}$越大，如表 1-2-1 所列。

表 1-2-1　不同水温时的$\frac{p_{汽}}{\gamma}$

水温(℃)	5	10	20	30	40	50	60	70	80	90	100
$P_{汽}/\gamma$(m 水柱高)	0.09	0.12	0.24	0.43	0.75	1.25	2.02	3.17	4.82	7.14	10.33

校正后的允许吸上真空高度$H'_{允真}$为

$$H'_{允真} = H_{允真} - H_{大气} - \frac{p_{汽}}{\gamma} \tag{1-2-13}$$

为吸水可靠起见，常把式(1-2-10)算出的$H_{吸}$值再降低 0.3~0.5 m。

(6)什么叫水泵“流量”和“额定流量”？怎样用简易方法计算水泵的额定流量？

答：水泵流量又叫作出水量，是指在水泵出口断面单位时间内所流过的水的体积或重量，水泵流量的单位多采用“L/s”“m^3/h”“t/h”等。因 1 m^3 的水为 1 000 L，其质量约为 1 t，所以各单位的换算关系是：1 L/s = 0.001 m^3/s = 3.6 m^3/h = 3.6 t/h。

流量单位还有其他表示方法。表 1-2-2 列出了各单位间的换算关系。

表 1-2-2　流量单位换算表

L/s	m^3/s	m^3/h 或 t/h	英加仑/min	美加仑/min	英尺^3/h	英尺^3/min
1	0.001	3.6	13.197	15.851 4	127.14	2.119
1 000	1	3 600	13 197	15 851.4	127 140	2 119
0.277 8	0.000 278	1	3.665 8	4.403 2	35.317	0.588 0
0.075 8	0.000 076	0.272 8	1	1.201 1	9.643 2	0.160 56
0.063 1	0.000 063	0.227 2	0.832 5	1	8.020 8	0.177 68
0.007 87	0.000 007 9	0.028 3	0.103 8	0.124 7	1	0.166 68
0.471 9	0.000 47	1.698 8	6.227 9	7.485 5	60	1

每种型号的水泵，流量都有一定的范围。所谓额定流量，是指水泵效率最高时所对应的流量。水泵铭牌或产品样本上标出的流量，就是指这一流量。如果水泵在大于或小于额定流量下运行，水泵效率都会降低，偏离越远，降低越多。从使用观点看，应力求使泵在额定流量下运行，以降低抽水成本。当为水井选配水泵时，应使泵的额定流量和井的最大可能涌水量相符。

一般来说，水泵进水口直径 d 越大，泵的流量越大，它和泵进口直径 d 的平方成正比。当水泵铭牌丢失又无样本可查时，可以用下列简易公式估算出泵的额定流量。

对单级离心泵：

$$Q = 1.35d^2(\mathrm{L/s}) \tag{1-2-14}$$

式中：d 为以单位为 in 表示的水泵进水口直径（下同）。

式（1-2-14）对口径为 12～14 in 单级离心泵的估算值偏差较大。

为此，对 12～14 in 的泵可用下列较为精确的经验公式估算：

$$Q = 0.24d^{2.75}(\mathrm{L/s}) \tag{1-2-15}$$

对卧式多级离心泵和进水口直径在 10 in 以下的卧式混流泵：

$$Q = d^2(\mathrm{L/s}) \tag{1-2-16}$$

对泵进水口直径为 12～20 in 的卧式混流泵：

$$Q = 1.4d^2(\mathrm{L/s}) \tag{1-2-17}$$

由此可见，只要从外表区分出泵型并量出泵进口直径（以 in 表示），代入上列相应公式即可求出其额定流量，方法极为简捷。

【例 1-2-1】　今有一无铭牌双吸单级离心泵，量得其进水口直径为 12 in，问其额定流量是多少？

解：由式（1-2-14）得：$Q = 1.35 \times 12^2 = 194.4(\mathrm{L/s})$

但由于其直径在 12～14 in，所以应采用较精确的式（1-2-15）计算，即：

$$Q = 0.24 \times 12^{2.75} = 222.8(\mathrm{L/s})$$

验证：从样本上查得 12Sh 双吸单级离心泵的额定流量为 220 L/s，两者基本相符。

（7）要改变水泵的出水量有哪些方法？

答：在泵站运行中，有时为了提高机组运行效率，防止水泵汽蚀，要求对水泵的流量进行调节，以满足实际需要。怎样调节泵的水量呢？常采用以下 3 种方法：

①变速调节法。水泵转速高，则流量、扬程都增大；反之变小。改变转速的方式可采用直流电动机，改变其串联电阻值即可改变电动机转速，从而改变水泵转速。近年来也有采用变频率调速的，即改变输入电动机电源的频率，达到改变转速的目的，这是一种较好的调节方式，但需要增设一套变频设备。对间接传动的水泵可利用不同直径齿轮或皮带轮增大或减小其转速，对大、中型泵还可采用液力联轴器，即用水或油传动的联轴器（靠背轮），通过改变通入其中的液量来改变转速，但设备较复杂。

②变径调节。把水泵叶轮外径适当减小以减少水泵的流量。叶轮外径车削量 ΔD_2 可根据所需调节流量或扬程用下式计算：

$$\Delta D_2 = \left(1 - \frac{Q_a}{Q}\right)D_2 \tag{1-2-18}$$

或

$$\Delta D_2 = \left(1 - \sqrt{\frac{H_a}{H}}\right)D_2 \tag{1-2-19}$$

式中：Q、H 为原水泵的流量和扬程；Q_a、H_a 为变径后的水泵流量和扬程。

为使变径后的水泵效率不致降低过大，车削量一般应小于 10%。

变径方法还可以适当扩大水泵的适用范围。例如有些水泵型号，在泵体尺寸不变的情况下，仅装有不同外径尺寸的叶轮，即可满足不同流量、扬程的需要。如水泵规格表中除有 3B19 型泵外，还列有 3B19A 和 3B19B，表示其叶轮外直径不同，其值分别是 132 mm、120 mm 和 110 mm。

③回流调节法。在水泵出水管和进水管之间外接一回流管，调节回流管上的阀门以控制水泵的出水流量。这种方法简单易行，且能适当增大泵进水口处的压力，有利于改善水泵的汽蚀性能。但由于回流而无谓地消耗一部分能量，运行不够经济。

除此，对轴流泵可采用变角调节，即通过传动机构改变叶轮叶片的倾斜角度来改变流量。对具有多台水泵的泵站，一般还可利用开机的台数控制调节其出水量。

(8)有人认为，水泵安装在进水池水面下越深，水泵的扬程和流量越大，这种说法对吗？

答：这种说法是不对的。水泵本身能供给的流量和扬程取决于泵的尺寸和转速。尺寸和转速越大，流量和扬程也越大。在额定转速下，对离心泵其扬程约为 $H = 0.000\ 12D_2^2n^2$(D_2 为叶轮的外径，m；n 为泵的转速，r/min)。一定的扬程对应一定的流量，反之亦然。所以对一台泵来说，工作参数见关系的特性曲线，例如 Q—H 曲线并不随泵的安装位置、灌注水头的大小和管路特性的变化而变化，而是泵本身所固有的。当水泵具有灌注水头时，如图 1-2-6 所示。

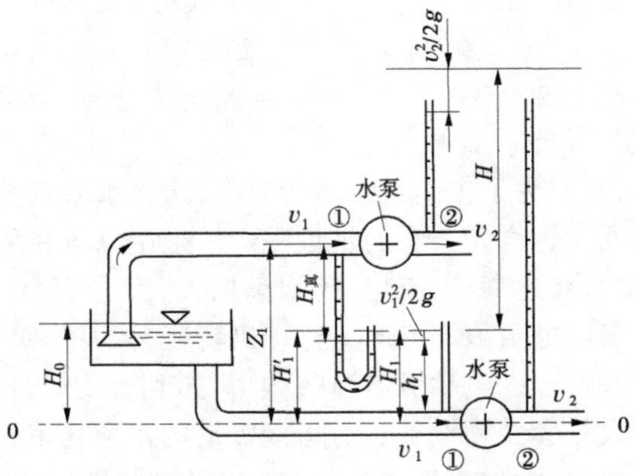

图 1-2-6 水泵安装位置不同时，其扬程的示意图

表面上看，水泵进口①处的水头好像提高了 H_0，但实际上，水泵进、出口是连通的。停机时，泵进、出口处的压头相等，即都等于 H_0。启动后，水泵进口处由于水的流动以及进水管有水头损失，所以该处测压管中水面比进水池水面要低。如果以水泵轴心线 0—0 为基线，则泵进口①处的总比能 $H_1 = h_1 + \frac{v_1^2}{2g}$。水泵则以此进口比能为基础把一定能量传给水，在泵出口②处，其中比能增至 H_2，水流所获得的总比能，即水泵扬程 $H=H_2-H_1$。如果把该泵改为有效吸上高度的安装形式，而保持管路尺寸、直径不变(见图 1-2-6)，这时水泵进口①处的总比能是相等的，因此其总扬程 H 也相等。可见，并没有因为把水泵安装在进水池水面下而提高了水泵的扬程；因扬程未变，根据水泵特性可知，一定的扬程对应一定的流量，所以其流量也不变，即水泵流量不会增大。

(9)能否改变水泵的转速？提高水泵的转速为什么有时会烧坏电动机？

答：因为各种水泵都是根据一定的转速设计的，所以水泵应在其设计转速（额定转速）下运行，不能轻易改变。当转速提高时，不仅泵承受的水压力增大，需要验算水泵部件、管路强度，而且其流量、扬程和轴功率均有所增大。根据水泵相似理论，水泵各参数之间有下列关系：

$$\frac{Q_1}{Q_2}=\frac{n_1}{n_2},\frac{H_1}{H_2}=\frac{n_1^2}{n_2^2},\frac{N_1}{N_2}=\frac{n_1^3}{n_2^3} \tag{1-2-20}$$

式中：Q_1、H_1、N_1 分别为转速为 n_1 时的流量、扬程和轴功率；Q_2、H_2、N_2 分别为转速为 n_2 时的流量、扬程和轴功率。

可见，转速提高后，水泵的流量 Q、扬程 H 和轴功率 N，分别和转速 n 的一次方、二次方和三次方成比例地增加。

例如，当水泵额定转速 $n=1\ 450$ r/min 时，水泵的轴功率为 2 kW，配套电动机的功率为 2.2 kW，如果将转速增大至 $n=2\ 900$ r/min，则其轴功率为

$$N_2=\frac{n_2^3}{n_1^3}\times N_1=\frac{2\ 900^3}{1\ 450^3}\times 2=16(\text{kW})$$

这时，水泵的轴功率是原轴功率的 8 倍，大大超过了电动机的配套功率（2.2 kW）。所以，当电动机保护失效或无保护设备时，会很快烧毁电动机。

因此，当对水泵提高转速使用时，必须核算其配套的电动机功率是否能满足需要。除此，提高转速后，有时还会引起水泵振动、汽蚀等，所以在实际中应尽量避免采用。

（10）水泵汽蚀是怎么回事？怎样预防和减弱水泵汽蚀？

答：汽蚀是由于水的汽化而引起的一种剥蚀作用。要了解汽蚀是怎么回事，首先得从汽化谈起。所谓汽化，是指液体由液态转为气态的一种物理现象。人们平常所说的“水开了”，就是在 1 个大气压作用下，把水加热到 100 ℃时所出现的大量水分子转化为气体（水蒸气）的液体汽化现象。如果压力小于 1 个大气压，水不到 100 ℃也会沸腾（汽化）。例如在 0.5 个大气压的高山上（相应海拔 5 000 多 m）烧水，80 ℃多一点水就开了。这是因为压力越小，水分子越容易从水中逸出而变成水蒸气。如果保持水温一定，逐渐抽出密封盛水容器中的空气，当水面压力降低到某一值时，容器中的水开始大量汽化，这时的压力叫作水在该温度下的汽化压力。不同水温时的汽化压力见表 1-2-1，并用符号 $p_{汽化}/\gamma$ 表示。从表中可以看出，水温越低，汽化压力也越低。

在泵进口处，由于吸水高所形成的真空，以及叶轮高速旋转，该处压力往往很低，这就为水的汽化提供了条件。当其压力降低到当时水温的汽化压力时，由于汽化而形成的大量水蒸气气泡，随未汽化的水流入叶轮内部高压区，气泡在高压作用下又重新凝结成水，这时气泡在极短的时间内破裂，气泡周围的水迅速向破裂气泡的中心集中而产生很大的冲击力。靠近叶轮壁面的气泡破裂时，其冲击力就作用在壁面上，壁面在这种冲击力的反复作用下，起初是出现麻面，继而变成蜂窝，严重时，壁面可能在短期内被蚀穿，这就是所谓的汽蚀现象。一般在出现汽蚀的同时还伴随有气泡破裂的噼啪声、轰鸣声及振动等。由于还有一部分没破裂的气泡随水流流出水泵，所以泵的流量有所减小，扬程、效率也下降，甚至使供水中断。

怎样预防水泵汽蚀呢？主要的是使泵进口附近的压力不要过分降低，防止水的汽化，

具体措施如下：

①正确地确定水泵的吸水高度，以保证叶轮进口处压力不低于汽化压力。②尽量减小吸水管路中的损失水头。因为该项损失越大，水泵进口处的压力降低越多，水就越容易汽化。如尽量缩短吸水管的长度，减少管路上的附件，管内壁应光滑和适当加大吸水管径等。③水泵落井安装。如果由于吸水高过大而造成汽蚀，可以把泵安装在井下或地面以下，靠近吸水水面。④利用射流提高泵进口处的压力。如图 1-2-7 所示，射流从旁通管 1 末端的喷嘴 2 射出，将一部分动能转变为压能。根据试验，采用这种方法在进口增加的压力值 ΔH 可用下式计算：

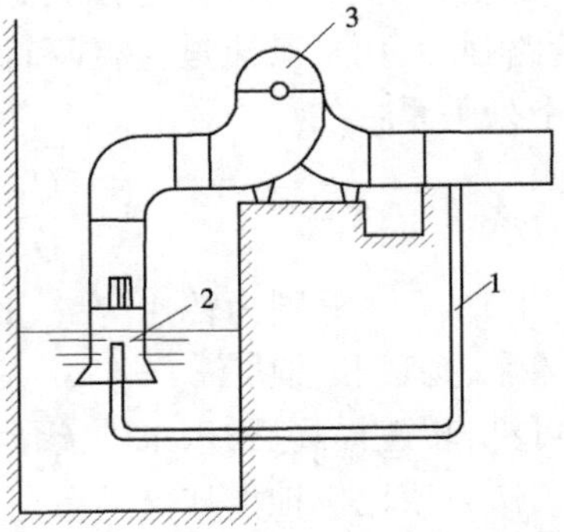

1—旁通管；2—喷嘴；3—水泵

图 1-2-7　利用射流提高泵进口压力

$$\Delta H = 4.07H\left(\frac{d}{D_{吸}}\right)^{7/3}(\mathrm{m}) \qquad (1\text{-}2\text{-}21)$$

式中：H 为水泵扬程；d 为喷嘴直径；$D_{吸}$ 为吸水管直径。

这种方法虽能提高进口处的压力，但由于要形成射流就需要一部分流量，减小了水泵的出水量，因而比值 $d/D_{吸}$ 不宜过大。尽量使水泵在额定工况下运行。如果水泵在低于额定扬程或大于额定转速下运行，过泵流量必然大于额定流量，叶轮进口处的水流速度必然提高，该处压力将进一步降低；同时还使该处进水条件恶化，易形成液流脱壁而产生局部低压区使水汽化。可见，水泵不应随意在降低扬程下或提高转速情况下运行。此外，从设计、制造方面看，水泵叶轮进口的形状和尺寸应合理，或在泵进口设置诱导轮，采用抗汽蚀材料制造泵件等。近些年来，有些单位采用尼龙粉或环氧树脂砂浆等涂复（或喷复）叶轮，防止汽蚀，也收到一定的效果。

(11)什么叫“汽蚀余量”或“*NPSH*”？怎样计算吸水高度？其和吸上真空高度有何区别和联系？

答：汽蚀余量，也叫净正吸入水头（以符号 *NPSH* 表示），是用以计算水泵吸水高度的另一种方法。当水由水泵进口流至叶轮叶片入口附近时，由于沿程过流断面不断缩小使流速增大，同时水在这段流程和流入叶轮时，都有水头损失，因此叶轮叶片入口附近水流的压力比水泵进口处的压力还要低，当该处某点的压力低至汽化压力 $p_{汽化}$时，水泵内部就会开始发生汽蚀。这时在水泵进口的绝对压力如果是 $p_{1(绝)}$、流速是 v_1，并以泵轴为基线，其总比能（总水头）为 $p_{1(绝)}/\gamma + v_1^2/2g$。如果从总比能中减去叶片入口压力最低点的压力水头（这时该点压力为汽化压力，其压力为 $p_{汽化}/\gamma$），即

$$\frac{p_{1(绝)}}{\gamma} + \frac{v_1^2}{2g} - \frac{p_{汽化}}{\gamma} = \Delta h_{临} \qquad (1\text{-}2\text{-}22)$$

则该值就是泵内不出现汽蚀时，泵进口处所剩余能量的极限值，叫作临界汽蚀余量，以符号 $\Delta h_{临}$ 表示。换句话说，它就是泵中不出现汽蚀时，泵进口处扣除汽化压力净值剩的，以正压（绝对压力）表示的所必需的吸入水头，简称必需的净正吸入水头，以符号

$NPSH_R$ 表示。因此，对每台泵都可用试验方法求出其不同流量时相应的 $\Delta h_{临}$ 或 $NPSH_R$ 值。显而易见，$\Delta h_{临}$ 只和水泵进口段水流条件以及过泵流量有关。临界汽蚀余量或 $NPSH_R$ 值越小，说明其吸水性能越好。

另外，水从吸水池经过吸水管流至水泵进口时，该处的真空值[见式(1-2-9)]为

$$H_{真} = H_{吸} + h_{吸损} + \frac{v_1^2}{2g}$$

但 $H_{真} = H_{大气} - p_{1(绝)}/\gamma$，带入上式并整理得：

$$\frac{v_1^2}{2g} + \frac{p_{1(绝)}}{\gamma} = H_{大气} - H_{吸} - h_{吸损}$$

将上式两端同时减去 $p_{汽化}/\gamma$，并令：

$$\Delta h = \frac{v_1^2}{2g} + \frac{p_{1(绝)}}{\gamma} - \frac{p_{汽化}}{\gamma} \tag{1-2-23}$$

移项后，可计算吸水高度公式为

$$H_{吸} = H_{大气} - \frac{p_{汽化}}{\gamma} - h_{吸损} - \Delta h \tag{1-2-24}$$

式中：Δh 为水流经管路情况下，水泵进口总比能和汽化压力之差[见式(1-2-23)]，把它叫作水泵进口所具有的或可能提供的汽蚀余量[或称可利用的即实际提供的净正吸入水头，以符号 $(NPSH)_a$ 表示]。显然，它和水泵结构是无关的。相应地，可把上述根据试验所确定的临界汽蚀余量视为水泵进口处所需的汽蚀余量，提供的应大于或等于所需要的，即当 $\Delta h \geqslant \Delta h_{临}$ 时水泵才不会发生汽蚀。为此，在实际中均采用所谓的允许汽蚀余量代替 $\Delta h_{临}$。根据我国相关规范颁发的标准：$\Delta h_{允许} = \Delta h_{临} + 0.3$(m 水柱高)。

如果用 $\Delta h_{允许}$ 代替式(1-2-24)中的 Δh，即可求出水泵允许吸水高度，即

$$H_{吸} = H_{大气} - \frac{p_{汽化}}{\gamma} - h_{吸损} - \Delta h_{允许} \tag{1-2-25}$$

式(1-2-25)就是利用汽蚀余量计算吸水高度的基本公式，$\Delta h_{允许}$ 可从有关手册或样本中查出。

对排灌用的轴流泵，由于吸水管短，水温不高，式(1-2-25)可简化为

$$H_{吸} = H_{大气} - \Delta h_{允许} \approx 10 - \Delta h_{允许} \tag{1-2-26}$$

如果 $\Delta h_{允许}$ 值无法得知，也可采用经验公式估算，这里只介绍国内外较为常用的托马公式：

$$\Delta h_{临} = \sigma H \tag{1-2-27}$$

式中：H 为水泵扬程，m，对多级泵取单级叶轮扬程；σ 为托马系数，该值和水泵比转速 n_s 有关。

对单级单吸泵：

$$\sigma = 0.000\,216 n_s^{4/3} \tag{1-2-28}$$

对单级双吸泵：

$$\sigma = 0.000\,137 n_s^{4/3} \tag{1-2-29}$$

必须注意，式(1-2-28)和式(1-2-29)仅适用于水泵的额定工况。从汽蚀余量(净正吸

入水头）的含义中可以看出，对一台泵来说水温和大气压的变化并不会导致临界汽蚀余量值的变化。例如水温升高，虽然叶轮入口处的汽化压力有所提高，但为使泵中不出现汽蚀，水泵进口的总比能也相应提高，两者之差值并不发生变化。另外，由于水的汽化压力和泵进口处的绝对压力均不随大气压力而变，所以汽蚀余量也不随大气压力变化而变化。这说明，当利用汽蚀余量计算水泵吸水高时，无须对其进行大气压力和水温的修正，直接代入有关公式即可，计算较简便。

用吸上真空高度计算吸水高度时，由于水温和大气压力的改变都会使泵进口处的真空值发生改变，所以要进行这两项修正，计算比较麻烦，但其物理概念较清晰易懂，多用于离心泵和混流泵的计算中。它和用汽蚀余量计算吸水高度的方法并没有本质区别，只是计算的出发点不同而已，不难证明，它们之间有下列换算关系：

$$\Delta h_{临} = \frac{v_1^2}{2g} + \frac{p_{1(绝)}}{\gamma} - \frac{p_{汽化}}{\lambda}$$

但$\frac{p_{1(绝)}}{\gamma}=H_{大气}-H_{临真}$，代入上式则得：

$$\Delta h_{临} = H_{大气} - H_{临真} + \frac{v_1^2}{2g} - \frac{p_{汽化}}{\gamma} \tag{1-2-30}$$

可见，知道了 $H_{临真}$，即可求出 $\Delta h_{临}$，反之亦然。

（12）什么叫水泵效率？怎样提高水泵效率？

答：水泵效率 $\eta_{泵}$ 是衡量水泵工作效能高低的一项技术经济指标。它是指水泵的有效功率 $N_{有效}$（水泵输出功率）和水泵轴功率 $N_{轴}$（水泵输入功率）之比。其表达式为

$$\eta_{泵} = \frac{N_{有效}}{N_{轴}} \times 100\% \tag{1-2-31}$$

式中：$N_{轴}$实际上为原动机传给泵轴上的功率，一般可实际测得，而有效功率可用下式计算：

$$N_{有效} = \frac{\gamma QH}{102}(\text{kW}) = \frac{\gamma QH}{75}(马力) \tag{1-2-32}$$

式中：γ 为水的重度，在常温下 $\gamma = 1\ 000\ \text{kg/m}^3$；$Q$、$H$ 为泵的流量（m^3/s）和扬程（m）。

当水泵给出的流量 Q 和扬程 H 一定时，水泵的效率高，说明输入功率 $N_{轴}$ 小，节约了能源；如果输入的功率相同，$\eta_{泵}$高，表明有效利用的能源多，扩大了灌、排效益。因此，在实际运用中应尽力提高水泵效率。市场上水泵效率一般在 65%～90%，大型泵可达 90% 以上。

水泵有效功率总是小于轴功率的，这是因为在水泵把能量传给水的过程中，存在着各种能量损失，其中包括机械损失、水利损失和容积（流量）损失。

机械损失：主要有水泵填料，轴承和泵轴间的摩擦损失，叶轮前后轮盘旋转和水的摩擦损失等。从使用观点看，为了减少机械摩擦损失，水泵填料要压得松紧适度。过紧了，磨损增大；太松了，漏损水量增多。还应经常检查轴承润滑情况，不可缺油，油质要符合标准。叶轮的轮盘表面应光滑，防止锈蚀以减少摩擦损失。

水力损失：主要由水流经泵的过流部分（如叶轮、泵壳等）产生的水力摩擦、涡流和水

力撞击等项损失所形成。过流部分的壁面越粗糙，水泵运行偏离额定工况越远，此项损失也越大。因此，应尽量保持叶轮、泵壳内壁光滑，避免锈蚀、堵塞，并力求使水泵在额定工况下工作，以减少水流的涡流和撞击损失。

容积损失：是指水在流经水泵后所漏损的流量，包括从口环间隙、水泵填料密封和叶轮平衡孔等处所流失的水量。其中，口环间隙对漏损流量的影响较大，此间隙一般规定为 0.2~0.4 mm。实践表明，如口环间隙从 0.3 mm 增大到 1 mm 时，漏损流量从 3.5% 到 18.7%，为原漏量的 5.3 倍。因此，当发现扣环磨损时，应及时修理或更换。

以上三项损失中，水力损失占主要地位，它们的大小分别用机械效率 $\eta_{机}$、水力效率 $\eta_{水}$ 和容积效率 $\eta_{容}$ 表示，效率值越大说明其损失越小。水泵的总效率 $\eta_{泵}$ 是三者效率的乘积，即

$$\eta_{泵} = \eta_{水}\,\eta_{机}\,\eta_{容} \tag{1-2-33}$$

由上述可见，水泵效率的高低，在很大程度上取决于水泵的使用情况，如果维修和使用不当，即使制造出高效率的水泵，也达不到高效低耗、经济运行的目的。

(13)“装置效率”指的是什么？怎样提高装置效率？

答：泵站工程中水泵必须配备原动机、管路系统及传动设备等才能工作。由这些设备所组成的抽水总体叫作抽水装置。

水泵效率仅反映了泵本身对功率的有效利用率；而装置效率则能综合反映整个抽水装置效能发挥得如何，它是指水由机组扬至出水管处（出水池）实际所得功率（一般称装置有效功率 $N_{装}$）和输入原动机功率 $N_{输入}$ 之比。该值越大，说明抽水装置在功率传递过程中损失的能量越小，抽水装置有效利用的功率越多。其中的能量损失包括动力机、水泵、管路、传动设备中各种电气、水力、机械、容积等项损失。各项设备能量损失大小（功率利用率）可分别用动力机效率 $\eta_{动}$、传动效率 $\eta_{传}$、水泵效率 $\eta_{泵}$ 和管路系统效率 $\eta_{管}$ 表示。$\eta_{泵}$ 和 $\eta_{传}$ 的计算公式如下：

$$\eta_{动} = \frac{N_{输出}}{N_{输入}} \times 100\% \tag{1-2-34}$$

$$\eta_{传} = \frac{N_{轴}}{N_{输出}} \times 100\% \tag{1-2-35}$$

式中：$N_{输出}$、$N_{输入}$ 为动力机的输出功率和输入动力机的功率；$N_{轴}$ 为水泵轴功率，即水泵的输入功率。

$\eta_{泵}$ 按式(1-2-31)和式(1-2-32)计算。$\eta_{管}$ 的计算公式如下：

$$\eta_{管} = \frac{N_{装}}{N_{有效}} \times 100\% \tag{1-2-36}$$

$$N_{装} = \frac{\gamma Q_{管}\,H_{净}}{102}(\mathrm{kW}) = \frac{\gamma Q_{管}\,H_{净}}{75}(马力) \tag{1-2-37}$$

式中：$Q_{管}$ 为水泵出水管口的流量，m^3/s；$H_{净}$ 为水泵净扬程，m，即出水池和进水池水面间的高程差。

将式(1-2-37)和式(1-2-32)代入式(1-2-36)得：

$$\eta_{管} = \frac{Q_{管}\ H_{净}}{QH} \times 100\% \tag{1-2-38}$$

其装置效率$\eta_{装}$应为上述四项效率的连乘,即

$$\eta_{装} = \eta_{动}\ \eta_{传}\ \eta_{泵}\ \eta_{管} = \frac{N_{装}}{N_{输入}} \times 100\% = \frac{\gamma Q_{管}\ H_{净}}{102 N_{输入}} \times 100\% \tag{1-2-39}$$

式中:$N_{输入}$为输入原动机功率,kW。

可见,只要实际测定出动力机的输入功率、管出口流量和净扬程,即可用式(1-2-39)求出装置效率。

若为直接传动,$\eta_{传}=1$,则式(1-2-39)变为

$$\eta_{装} = \eta_{动}\ \eta_{泵}\ \eta_{管} \tag{1-2-40}$$

而其中的动力机效率和水泵效率的乘积叫作机组效率,即

$$\eta_{机组} = \eta_{动}\ \eta_{泵} \tag{1-2-41}$$

装置效率的提高和很多因素有关。首先,必须机、泵、管合理配套,避免"大马拉小车"或"小马拉大车";管路直径必须配合适当,直径过小,不仅增加摩阻,水泵出水量也受到限制。其次,水泵应尽量在额定工况下工作,因为偏离额定工况越远,机组效率越低。此外,管路布置应力求缩短,减少管件、转弯等;管子磨蚀、漏水应及时检修或更换,以减少管路摩阻。另外,如进水池水流条件不良,出现回流、漩涡,对进水量和机组运行也有显著影响。所以,应合理选定进水池形式和尺寸,防止池中出现回流和漩涡,还要注意加强对机、泵、管的维修和养护,使之经常处于良好的运行状态。

对中、小型泵站,如果水泵效率平均取70%,电动机效率取88%,再考虑管路输水损失功率为10%,则装置效率应为

$$\eta_{装} = \eta_{动}\ \eta_{泵}\ \eta_{管} = 0.88 \times 0.7 \times 0.9 \approx 0.55 = 55\%$$

对柴油机配套的泵,一般为间接传动,有传动损失,所以其装置效率以不应小于50%为宜。

如果求得的$\eta_{装}$过低,就应对设备进行分析研究,查明原因,进行检修、调整或更换。

(14)什么叫作水泵的"工作特性曲线""工作范围""高效率区"和"经济运行区"?

答:当水泵转速不变时,随着过泵流量Q的改变,水泵的扬程H、轴功率N、水泵效率η和允许吸上真空高度$H_{允真}$等,都要发生变化。它们之间的关系可用试验方法求得的$Q—H$、$Q—N$、$Q—\eta$和$Q—H_{允真}$四条曲线表示,这种曲线叫作水泵在某一转速下的特性曲线,如图1-2-8所示。从$Q—H$曲线可以看出,扬程H随流量的增加而减小,呈下降曲线,但也有少数泵,当流量从零开始增大时,扬程逐渐增加,但增大到某一值后,才随流量的增大而减小,形成一个驼峰区,由于在该区内水流不稳定,所以水泵不能在此区域内工作。

水泵的$Q—\eta$曲线,起初随着流量的增大,水泵效率也逐渐增高,但到达某一流量Q_A时,效率达最高值η_{max},然后开始下降。最高效率点所对应的流量称"额定流量"(或称水泵设计流量),此流量对应的扬程称为"额定扬程",水泵铭牌上示出的流量和扬程就是对这一额定工况而言,水泵在这一流量下运行效率最高,如果流量再增大,效率开始降低。当流量增大到某一值时,由于泵中水流流速的增高,导致泵进口处压力降低,水流紊乱,效率和扬程都急剧下降,水泵开始发生汽蚀而使水泵无法工作,从泵流量为零开始(对有驼

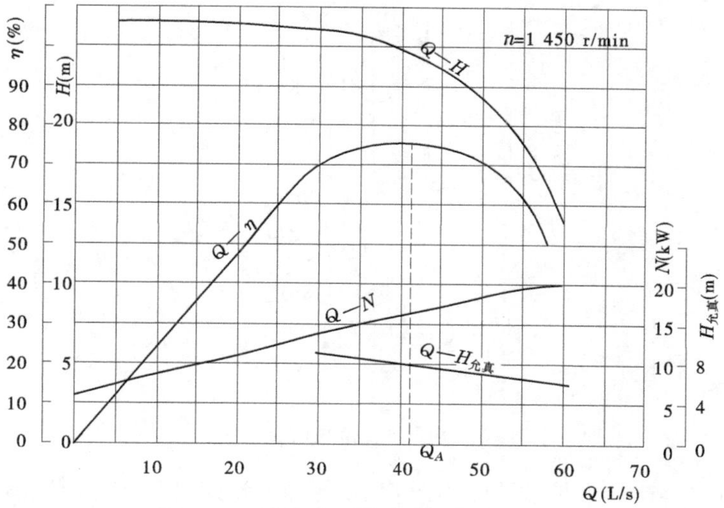

图 1-2-8　离心泵特性曲线(6BA-12)

峰区的泵,从驼峰区外的流量开始稳定时起)到水泵开始发生汽蚀以前的这一流量范围叫水泵的“工作范围”。水泵型号不同,它的工作范围也不一样,有的宽一些,有的窄一些,例如对定桨叶的轴流泵,它的“工作范围”就很窄。但在实际运行中,人们总希望水泵在额定工况下或接近额定工况下运行。因此,在 $Q—\eta$ 曲线最高效率 η_{max} 值的两侧,人们截取一段效率比较高的区域,要求水泵运行时的效率不要超出这个范围,$Q—\eta$ 曲线上的这一特定区域叫作水泵的“高效率区”。一般要求是,高效率区两端点的效率值和最高效率值相比,其降低值不应超过 6%~8%,对效率低的小型泵可降低 10%。由于水泵类型不同,高效区的范围也有所不同。对应水泵高效率区,在 $Q—H$ 曲线上可定出相应的一段线段,并用符号“ ¦ ”标出它的范围(见图 1-2-8)。如果水泵工作点(水泵 $Q—H$ 曲线和管路特性曲线的交点)落于此线段范围内,说明水泵运行时效率较高。对叶轮外径尺寸不等的同型号水泵和同型号的多级离心泵,此线段就变成一个框形区域,如图 1-2-9 所示,工作在这个区域内,水泵效率较高,运行也是比较经济合理的。这一高效率区在 $Q—H$ 曲线上对应的范围或区域,我们把它叫作水泵的“经济运行区”。

(15)离心泵的泵壳为什么要做成逐渐扩大的蜗壳形?在出口为什么还要加装一个扇形锥管?

答:蜗壳的主要作用是汇集由叶轮甩出的高速水流,并将其平顺地引入出水管中。因为从离心泵叶轮甩出的高速水流都要汇集到一起才能引导出去,所以甩出的流量在沿叶轮外圆周的流程上是逐渐增加的。为使水流能平顺地导出,应保持其流速不变。为此,过流断面必须做成逐渐扩散的。由于扩散流道形状如蜗牛壳,所以叫作蜗壳。事实上蜗壳各过流断面尺寸就是根据断面平均流速相等,即根据 V_c = 常数为原则计算的;有时也采用 $V_{u\cdot r}$ = 常数计算,以及假定蜗壳断面上任意点的水流圆周分速度 V_u 乘以该点距轴心的距离 r 为一常数。这时,沿蜗壳各过流断面的平均流速是渐减的,可将水流的一部分动能转化成压能。但由于各断面平均流速相差有限,所以能量的转化也是有限的,为此,一般都

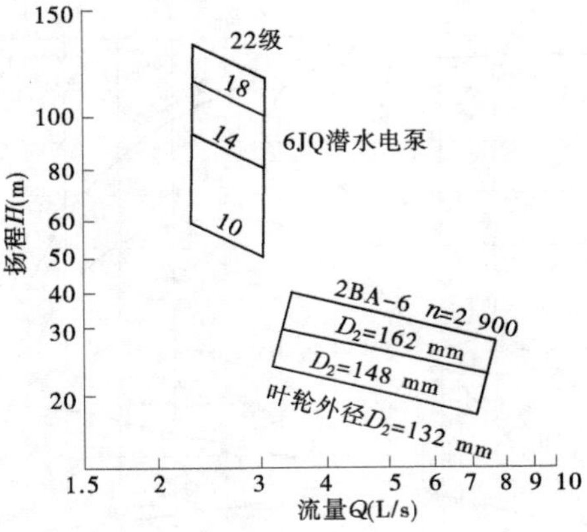

图 1-2-9 “经济运行区”示例

在蜗壳的出口端再接一个扩散性的锥形管,以便降低流速,把大部分动能转化为压能。这样,由于泵出口处流速减小,当水流入出水管时,可减少水流和管路的摩擦损失,提高了水泵运行的经济效果。

应该指出,不管采用哪种蜗壳断面计算方法,由于沿蜗壳各断面水压不尽相同,因此沿叶轮外圆周上各点所受水压不同,将会形成一个径向推力作用在水泵轴上,有时会导致泵轴的断裂。

(16)离心泵口环起什么作用?它和叶轮之间的间隙是不是越小越好?对效率有何影响?

答:因为水泵叶轮是一个转动部件,而泵壳是不动的,所以在叶轮进口外缘和泵壳间必须留有一定的间隙,但为了阻止叶轮甩入泵壳中的高压水经此缝隙大量流回叶轮进水侧,同时为了防止叶轮和泵壳之间产生磨损,使磨损后又便于处理,因此一般在叶轮进口处的泵壳上镶装金属圆环,称该环为口环,磨损后可更换。因为口环既可减小漏回流量又能防止泵壳磨损,所以又叫减漏环或承磨环。

对 B 型(或 BA 型)离心泵,口环是平直式的,如图 1-2-10(a)所示,主要靠径向间隙 S 密封。但目前有些工厂采用叶轮和泵壳端面密封方式,如图 1-2-10(b)所示,只要靠轴向间隙 a 密封,它的优点是漏回的水沿径向流出,和平直式口环轴向流出相比,改善了水泵进口处的水流流态。同时,这种口环和泵壳之间采用过渡配合,轴向间隙可调整,当磨损后间隙增大,可移动口环,以减小泄漏水量,并延长了口环的使用寿命。

对 SH 型泵,两侧进水口处均装有口环,是直角式的,如图 1-2-10(c)所示。为防止轴向的可能窜动,其轴向间隙 a 比径向间隙 S 大得多。这种形式的口环优点是漏水量径向流出,同时由于轴向间隙大,漏水流速降低,减小了对进水流态的不良影响。

口环间隙多大比较好呢?原则上说是越小越好。因间隙过大漏水量显著增大,并使水泵入口处水流条件恶化,降低了水泵的容积效率和水力效率。但口环间隙也不能太小,这样不仅增加了制造工艺上的困难,而且运行时会造成机械磨损事故,甚至磨熔而使口环和叶轮“咬死”。口环轴向间隙一般为 2~5 mm;径向间隙为 0.2~0.4 mm,其值和口环内

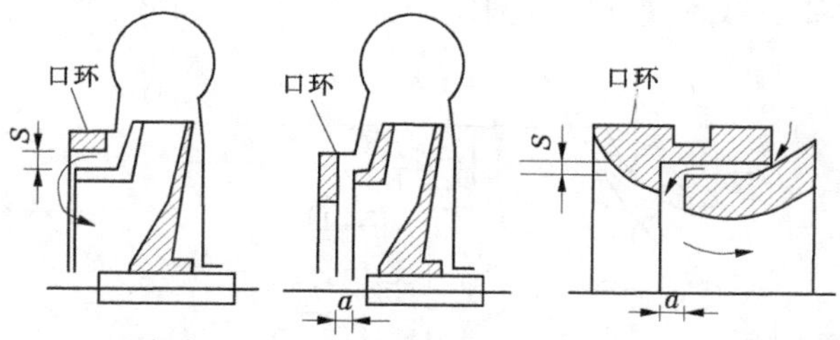

(a)平直式口环　(b)断面密封口环　(c)直角式口环

图 1-2-10　口环形式和间隙示意图

径大小有关,如表 1-2-3 所列。

表 1-2-3　叶轮与口环径向间隙

口环内径(mm)	径向间隙(mm)	磨损极限(mm)	口环内径(mm)	径向间隙(mm)	磨损极限(mm)
80~120	0. 09~0. 22	0. 48	220~260	0. 16~0. 34	0. 70
120~150	0. 105~0. 255	0. 60	260~290	0. 16~0. 35	0. 80
150~180	0. 120~0. 28	0. 60	290~320	0. 175~0. 375	0. 80
180~220	0. 135~0. 315	0. 70	320~360	0. 200~0. 400	0. 80

口环间隙漏损流量可根据下式估算:

$$\Delta q = CA\sqrt{2gH_L} = C\Pi D_L S\sqrt{2gH_L} \tag{1-2-42}$$

式中:Δq 为漏损流量,m^3/s;D_L 为口环间隙的平均值,m;S 为径向间隙宽度,m;C 为漏损系数,和间隙长、口环形式等有关,对平直式口环 $C=0.4\sim0.5$,对直角式口环 $C=0.35\sim0.45$;H_L 为间隙两边水头差,m,当比转速 $n_s=60$ 时,$H_L=0.6H$;当 $n_s=200$ 时,$H_L=0.8H$,其中 H 为水泵扬程,m。

可见,对一台泵来说,漏损流量和间隙大小成正比。例如有 1 台泵,间隙长 18 mm,泵的转速 $n=1\ 400$ r/min。根据试验,当间隙为 0. 3 mm 时,泄漏量为 3. 53%,即容积效率 $\eta_{容}=96.48\%$;当间隙增至 0. 99mm 时,泄漏量达 18. 7%,$\eta_{容}=81.3\%$,容积效率降低了 15. 18%。

(17)离心泵的常用轴封形式有哪几种?各有什么特点及适用条件?

答:泵站工程中,应用最广的是填料密封。这种密封方法是在泵轴上缠上几圈油浸石棉绳或橡胶带,并用压盖适当压紧完成轴伸端的密封。它结构简单,取材容易,价格低廉,拆装方便,在大、中、小和高、低扬程的离心泵中普遍采用。但易磨损变质,使用寿命短,特别是水中含沙量较大时,因磨损使密封很快失效,经常需要停机更换。近年来,国内外已采用了一些新的密封方式。当前应用较广的有橡胶圈油封和机械密封两种。橡胶圈油封(见图 1-2-11)是在油封座 4 内,将 2~3 个有金属骨架的开口橡胶圈 5 压装在泵轴套 3 上(油封座内充以黄油)并用油封压盖 8 固定。挡圈 6 装在油封座 4 的内端部,并在挡圈的凹槽中再加装一个橡胶环 7,以增强密封效果。实践表明,这种密封结构简单、维修方便,在扬程不高的水泵中使用效果良好;当扬程较高时,密封效果明显下降。另外,油封橡胶圈和泵轴套直接相磨,因此应对轴套表面进行抗磨处理,如镀铬等,否则易磨成沟槽导致密封失效。但也可把油封橡胶圈开口调向使用，以适当延长其使用寿命。

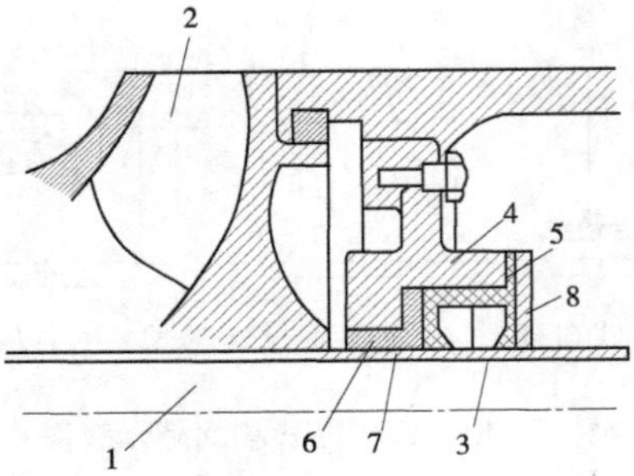

1—泵轴；2—叶轮；3—轴套；4—油封座；5—橡胶圈；6—挡圈；7—橡胶环；8—油封压盖

图 1-2-11　橡胶圈油封

机械密封如图 1-2-12 所示，是靠由弹簧 3 压紧的动环、静环（见图 1-2-12 中的 7 和 5）光洁的端面紧密磨合而形成径向密封的，同时由密封橡胶圈 4 完成轴向密封，以防止水或气沿泵轴泄漏。动环 7（一般由不锈钢或硬质金属制成）嵌装在动环座 8 上，随泵轴一起转动；静环 5（一般为铸锡青铜或塑料等）固定在不动的密封座 1 中。这种密封方式，具有结构紧凑、机械磨损小、密封性能高和使用寿命长等优点。据国外资料介绍，其使用寿命可达 30 000～50 000 h。我国一些工业用泵已采用这种机械密封方式。泵站工程用泵、潜水电泵中用得较多；在 BPZ 系列喷灌自吸泵中，也有一部分采用机械密封。但总的来说应用还不十分广泛，其主要原因是机械密封结构比较复杂，制造加工工艺要求较高（如动环、静环端面密封面的光洁度要求在 ∇_{10} 以上），加之对水质要求高，在浑水中，动环、静环端面易被腐蚀而使密封失效。这就限制了这种密封在农业用泵中的推广和使用。

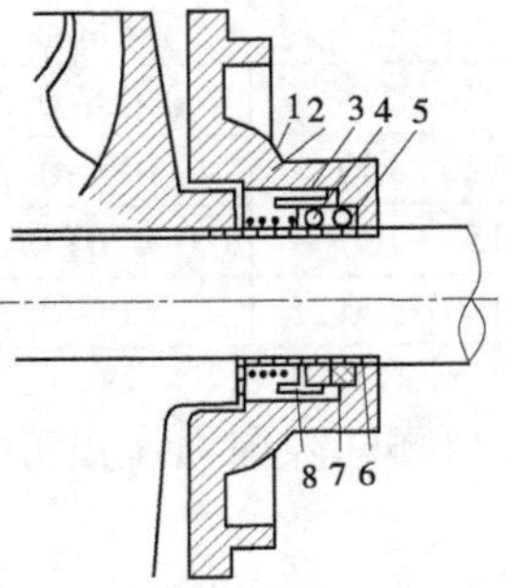

1—密封座；2—垫圈；3—弹簧；4—橡胶圈；5—静环；6—轴套；7—动环；8—动环座

图 1-2-12　机械密封

（18）什么情况下宜采用水泵并联方式？几台水泵并联比较合适？

答：泵站设计中，往往安装多台水泵。通常当扬程较高或输水较远，每条输水水管长超过 100 m，或由于地形条件的限制，管线的土石方开挖量较大时，为了节约管材，降低建站投资，常把两台或更多台水泵的出水管并为一条向出水池输水，这种扬水方式叫水泵的并联。

那么几台并联好呢？为此需要先研究一下水泵的并联特性。如果并联后的管径不变，则并联的台数越多，每台泵的流量相对越少，图 1-2-13 为两台同型号水泵并联时的特性曲线，其中 $(Q—H)_{1+2}$ 曲线是在同一扬程下把一台泵的 $Q—H$ 曲线横坐标的 2 倍即可绘得。管路特性曲线 $Q—H_{需}$ 和曲线 $(Q—H)_{1+2}$ 的交点，就是并联后的工作点，其对应流量是 Q_A，每台泵的流量是 $Q_A/2$。如果不并联，由各自的出水管分别扬水，则每台泵给出的流量是 Q_A'，由图明显看出 $Q_A/2<Q_A'$，并联后减小的总流量为

$$\Delta Q = 2Q'_A - Q_A \tag{1-2-43}$$

式中：ΔQ 为并联损失流量。并联台数越多，相应的损失流量越大。

为了减少损失流量，并联后的管径适当增大。根据管中经济流速要求，并联管中流速应保持在 3 m/s 左右，这时，并联管径 d 和流量 Q 呈平方根的关系，即 $d \propto \sqrt{Q}$，所以当 Q 增至 2 倍（两泵并联），管径增大至 1.4 倍；流量增至 3 倍（三泵并联），管径增大至 1.7 倍，以此类推。管径的增大，使 $Q—H_{需}$ 曲线变缓，工作点右移，增大了每台泵的流量，所以并联损失流量相应减小。但并联台数越多，管径越大，而当管线出现故障时，会使多台泵不能工作，给制造、安装、运行带来不便。一般多采用 2~4 台并联为一组，很少超过 5 台。

（19）什么叫水泵串联？水泵串联时应注意些什么问题？

答：实际工程中有时泵站扬程较高，或将水进行远距离输送，一台水泵的扬程不能满足要求，又没有合适的高扬程水泵。这时，往往把一台泵的出水端和另一台泵的进水端相联，以扬程接力形式，把水扬至高处或压送至远处，这种运行方式叫水泵的串联。那么，在串联时应注意一些什么问题呢？

两台水泵串联时的工作点，应位于每台泵的高效率区内，如图 1-2-14 所示。A 点是两台同型号泵串联时的工作点，由 A 点作垂线交单台泵的 $Q—H$ 曲线于 A' 点，交 $Q—\eta$ 曲线于 A'' 点。从图中可以看出，这时工作点恰好落于泵的高效率区，这样的串联运行才是经济合理的。

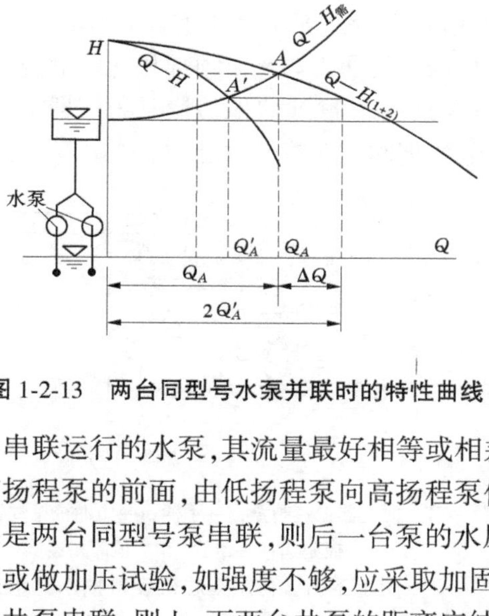

图 1-2-13　两台同型号水泵并联时的特性曲线

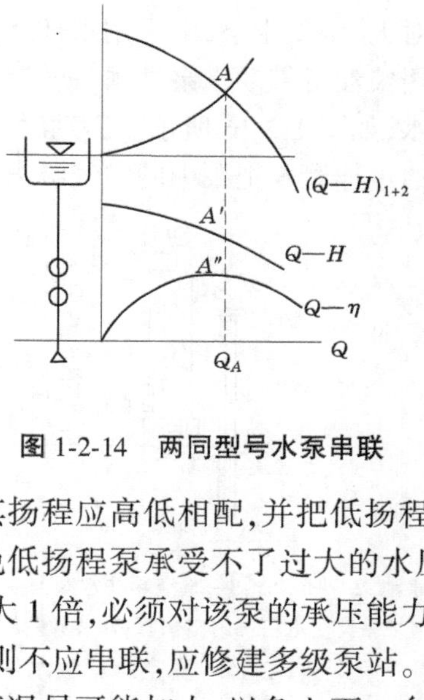

图 1-2-14　两同型号水泵串联

串联运行的水泵，其流量最好相等或相差不大；其扬程应高低相配，并把低扬程泵置于高扬程泵的前面，由低扬程泵向高扬程泵供水，以免低扬程泵承受不了过大的水压力。如果是两台同型号泵串联，则后一台泵的水压力将增大 1 倍，必须对该泵的承压能力进行验算或做加压试验，如强度不够，应采取加固措施，否则不应串联，应修建多级泵站。若为两台井泵串联，则上、下两台井泵的距离应结合具体情况尽可能加大，以免上面一台井泵承受过大的水压力，如果两台串联泵的流量不同，大流量的泵应安装在前面，由它向小流量的泵供水。这样，小流量泵进口压力大，可避免水泵汽蚀。如果将小泵放在大泵前，小泵流量较大时，可能出现负扬程，小泵出口处压力低，因此在大泵和小泵中都可能出现汽蚀现象，但两台泵的流量相差不宜过大；否则，由于小泵过水能力的限制而影响大泵过流能力的充分发挥。

总之,串联形式由于两泵首尾相接,相距较近,特别是当水流进入第二台泵时,由于流态不稳,脉动大,水泵经常出现振动、噪声和汽蚀。因此,在一般情况下不宜采用。

(20)离心泵在启动前为什么要充水或抽气?有哪些简易的抽水方法?

答:离心泵(除自吸泵外)在启动前都要把吸水管和水泵内充满水,否则水泵无法扬水。一切物体旋转时所受到的离心力是和它的质量的一次方、转速的二次方的乘积成正比。例如,在绳的一端拴一块小石子,用手使之旋转,石子形成的离心力把绳子拉得很紧。但要把石子换成同样大小的棉花球,用同样的速度旋转时 ,绳子是不可能拉直的。这是因为棉花质量轻,所以旋转所产生的离心力也很小。同样道理,水的质量比空气大 800 倍左右,如果启动水泵前不灌水,尽管叶轮高速转动,由于空气受到的离心力极小,这个离心力虽然也可以把泵内的空气排出一部分,但泵中空气的压力和外界大气压力仍然相差很小,吸水池中的水在这样小的压差下是无法经吸水管进入水泵中的。因此,离心泵在启动前必须充满水。离心泵启动后不出水,往往是由于泵中空气未净水没充满所致。

对有底阀的小型泵,一般多采用人工灌水法,从泵壳上部专用灌水孔或从出水管口向泵中灌满水。有时也可采用真空水箱充水法,如图 1-2-15 所示,启动后水泵 8 从真空水箱 5 进水,箱中水面下降形成真空,吸水池 1 的水在大气压作用下,经吸水管 2 进入箱中,泵即投入正常运行。为保证顺利启动,真空箱的容积至少应为吸水管容积的 3 倍。对不设底阀和逆止阀且管路较短的小型泵,也可采用边启动边从出水管口向泵内灌水,把泵和管中的空气逐渐带出,一般连续灌水数分钟后水泵即可正常抽水。

对大、中型水泵,多采用水环式真空泵(抽气机)或射流泵抽气充水。

用柴油机带动水泵抽水时,可利用柴油排出的废气通入与水泵顶部相通的射流器,抽气充水,如图 1-2-16 所示。启动时,将与手柄 3 相连的阀盖 2 关闭,废气从射流器 1 喷出,从而通过连管 6 把泵中的空气吸出。冲水完毕后,把阀盖 2 打开,控制阀 5 关闭。

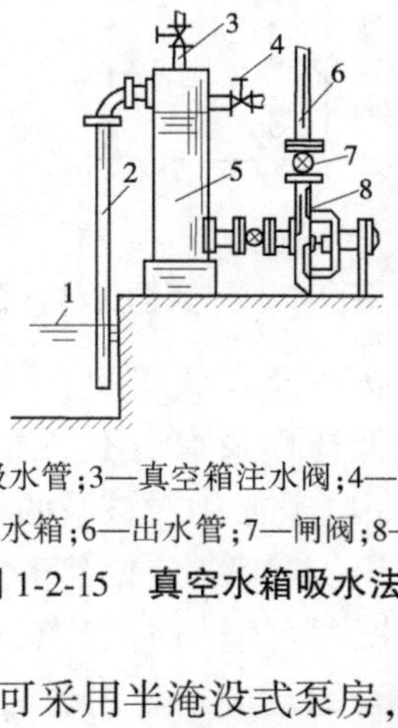

1—吸水池;2—吸水管;3—真空箱注水阀;4—注水时排气阀;
5—真空水箱;6—出水管;7—闸阀;8—水泵

图 1-2-15　真空水箱吸水法

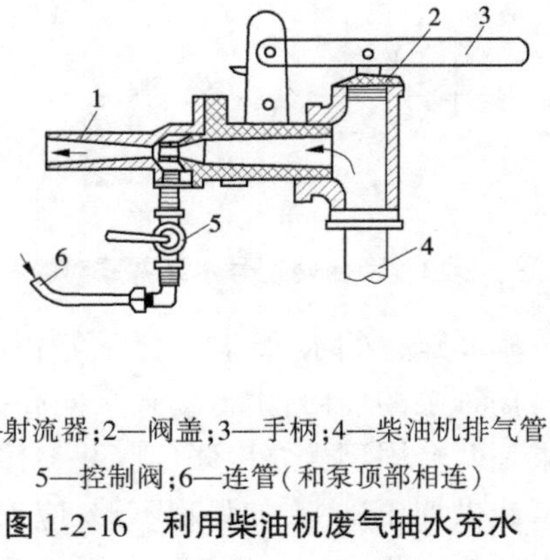

1—射流器;2—阀盖;3—手柄;4—柴油机排气管;
5—控制阀;6—连管(和泵顶部相连)

图 1-2-16　利用柴油机废气抽水充水

此外,也可采用半淹没式泵房,即吸水管和泵顶的高程均在进水池面以下,这样水可以自行引入泵中。但这种充水方式没有充分利用泵的吸水能力;同时水泵安装高程降低,不仅增大了基础的开挖量,而且运行管理也较不便,应进行技术经济比较后确定。对多级泵站的一级以后各级泵站,有时为了迅速启动水泵,可以考虑采用这种自行引水方式,以免由于启动困难,导致前级泵站的来水淹没泵房。

(21)离心泵关阀启动,水压会不会把水泵“胀”破?

答:水泵启动时,要把出水管路上的闸阀关闭以减小启动功率。但有人担心,闸阀把水挡住,水流不出去,水会不会把水泵压破。为了说明这个问题,可把水泵关阀运行工况近似地用圆筒中水流的旋转情况来代替,如图 1-2-17 所示,被搅动而旋转的水,由于距桶中心越远,水所受的离心力也越大,水面上升的高度也越高,所以水面呈抛物面状。

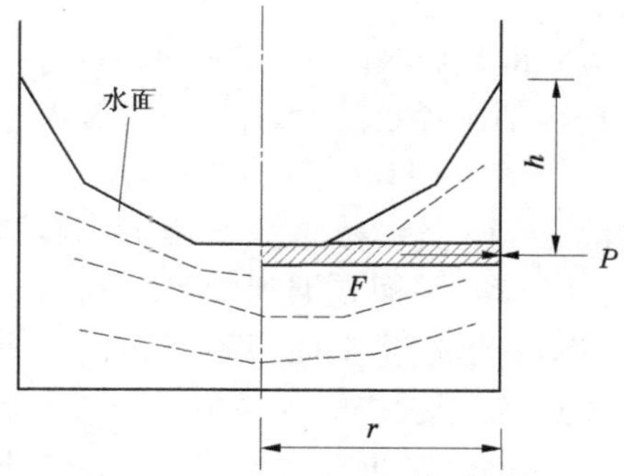

图 1-2-17　盛水圆筒中水流的旋转

该半径为 r 的桶壁处水面上升高度为 h,则在此 h 高水柱作用下,桶壁处断面面积为 A 的水所受的总压力为

$$P = \gamma hA \tag{1-2-44}$$

式中:γ 为水的重度。

另外,断面面积为 A、长为 r 的水体所受的离心力为

$$F = m\omega^2 \frac{r}{2} = \rho Ar \cdot \left(\frac{u}{r}\right)^2 \cdot \frac{r}{2} = \rho A \frac{u^2}{2} \tag{1-2-45}$$

式中:m 为水体的质量,$m=\rho Ar$,ρ 为水的密度;ω 为水的旋转角速度,$\omega=u/r$,u 为半径为 r 处水的圆周速度。

在洞壁处,水柱高 h 所形成的水压力和水体由于旋转而产生的离心力相互平衡,即 $P=F$ 或 $\gamma hA=\rho Au^2/2$,所以最后可得在洞壁 r 处水面上升高为

$$h = \frac{\rho}{2\gamma}u^2 = \frac{u^2}{2g} \tag{1-2-46}$$

式中:g 为重力加速度,取 9.81 m/s^2。

如果圆筒的转速为 n(r/min),圆筒直径为 D(m),则式(1-2-46)中的 u 可表示为

$$u = \frac{\pi Dn}{60}(m/s) \tag{1-2-47}$$

将 u 值代入式(1-2-46)中并整理得:

$$h = 0.000\ 139\ 8D^2n^2 \tag{1-2-48}$$

可见,筒壁处水面上升的高度和筒径乘转速的平方成正比。因为水泵的转速 n 和叶轮直径 D 都是一定的,因此由离心力而产生的压水高度 h 也是一定的。关阀运行的水泵,其扬程一般为其额定扬程的 1.1~1.4 倍,而水泵的设计强度均大于 1.5 倍的额定压力。所以,泵不会被水压坏,但关阀运行时间应尽量缩短。

(22)离心泵在启动和停机时应注意些什么问题?

答:离心泵启动时,出水闸阀应关闭,待机组达额定转速后,再慢慢打开闸阀,水泵即投入正常运转。因关阀启动流量为零时,水泵轴功率最小,一般只有额定功率的40%~90%。随着阀门的开启,流量增大,轴功率也逐渐升高,当闸阀全开时达最大值。可见开阀启动,机组将承受很大的负载,水力阻力矩剧增,会使启动发生困难,易引起事故。除此,启动时还应注意以下几点:

①启动达额定转速后,应立即开启阀门,空转时间不可过长;否则,泵内水温会急剧升高。同时,当 $Q=0$ 时,泵的扬程都比额定扬程 H_0 大,一般为

$$H=(110\% \sim 140\%)H_0 \tag{1-2-49}$$

②水泵如果长时间在此高压下空转,易冲损水泵的密封填料,大量漏水。

③如果采用启动补偿降压启动,手柄先推到“启动”位置,当电动机转速和电流值都接近额定值时(一般需15~20 s),迅速将手柄搬到“运行”位置。切记,在“启动”位置的时间不能过长,以免电动机发热,绕组被烧毁。在电动机冷却状态下,不得连续强行启动三次,两次启动时间要间隔3~5 min,防止电动机过热。在电动机接近容许温度的热状态下,不得连续启动,需冷却到常温后,再次启动。如果启动力矩过大而无法启动时,可将补偿器的降压标准提高一级(例如将启动电压由70%提高到80%)再启动。

④启动泵前须充满水排尽空气;否则,启动时由于空气的存在将引起机组强烈振动和产生噼啪响声。对SH型泵和两叶轮间具有外部导水管的DK型泵,采用半淹没式泵房向泵中充水排水时,须在吸水蜗壳和出水蜗壳或导水管顶部,单独设置排气管,分别排气,如图1-2-18所示,不可将排气管汇集在一起由上部一根管子排气,因为这样做,会使位置较低的吸水蜗壳顶部的空气,由于上部排气管中的水压而无法排净。

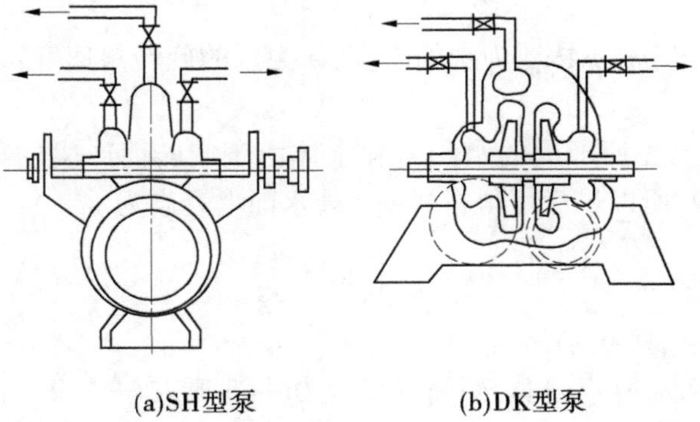

(a)SH型泵 (b)DK型泵

图1-2-18 充实排气示意图

⑤对于某些泵,关阀启动,泵中水流紊乱,受压较高,机组振动和声响加剧。遇此情况,可在启动前把阀门打开少许再启动,振动声和响声即可消除。但阀门的开度不宜过大,以免引起启动阻力矩增大造成启动困难。

⑥高扬程泵关阀启动时,由于高压水对阀门板有作用力,同时阀板以大小相等、方向相反的反作用力作用于水泵,如果泵座底脚螺栓固接不紧或强度不够,在此反作用力下水泵可能产生位移或剪断底板脚螺栓。因此,在启动前应根据阀板受水压的面积和水压强

度大小算出此项反作用力,有时还应考虑水的径向推力,核验底脚螺栓固紧程度和剪切应力是否满足要求,否则应采取加固措施。

离心泵在停机时,应先关闭闸阀再停机,以免引起水锤(有逆止阀时)和水倒流、机组倒转(无逆止阀)。

(23)离心泵启动开阀后不出水是什么原因?在运行中,出水突然中断或减小又是什么原因?

答:在正常情况下,泵启动开阀后 1~5 min(视管路长短而定)即可出水,否则应立即停机进行检查,找出原因所在。

常见的原因可能有以下几种:

①开泵前充水排气不足,泵内没形成足够的真空。对有底阀的小型泵,可能是未灌满水或泵中气未排净,或因底阀锈损漏水,或阀舌被杂物卡住关闭不严,或因吸水管倾斜,底阀也随之倾斜,阀舌未落在阀座上而漏水。对采用真空泵抽气充水的大中型泵,有时因抽气量小,或因管子漏气,闸阀未关严,泵中形成不了必要的真空。另外,真空泵的吸水管不能安装在进水管上,要安装在泵壳最高部位,以免泵壳上部积存空气无法排除。

②吸水管和水泵漏气,破坏了泵进口处的真空。吸水管如为钢管或焊接钢管,可能是有砂眼、裂缝,或焊缝处漏气;有时因法兰盘连接螺丝未上紧或连接处橡胶垫圈贴合不良等。吸水管若为胶管,可能因折裂、擦伤磨损或老化而出现裂纹漏气。判断何处漏气,可采用点燃的蜡烛、纸烟或用羽毛、薄纸等物沿线检查,烟、火或测试物被吸入处即为漏气处。出现漏气可采用紧固连接螺丝或临时用湿胶泥、铅油、胶布等,抹贴于漏气部位。对 SH 型泵,两端填料可能过松而进气,或从两端轴套和泵轴之间的缝隙吸入空气,遇此情况,可在轴套和叶轮之间加橡胶圈。

③叶轮打滑,轴转叶轮不转。最常见的是单吸式离心泵叶轮顶端螺帽松脱;平键磨损,这时叶轮形成不了必要的离心力。

④过流部分堵塞,流道不通。如叶轮槽道、底阀或管路被杂物堵死,或进水口埋入泥中。

⑤叶轮转向不对。其表现为机组振动、电动机电流和功率增大。这时,应停机,将电动机引入导线任意两根换接即可。水泵吸水高超过容许值或吸水管淹没深度不足,吸入空气。这时,可抬高吸水池水位或降低水泵安装高程。

⑥实际扬程超过水泵额定扬程过多。这往往是选配水泵的错误。如认为水泵吸水靠大气压,而水泵扬程是从水泵出口算起的扬水高度,结果引起水泵扬程不够,水扬不上去。解决的方法是:可降低出水池或出水口高度,或更换一个外径较大的叶轮(可另行制造),但叶轮加大量不宜超过 10%,否则效率降低较大。也可采用提高水泵转速的方法提高扬程,但这时泵的轴功率也增大(和转速的三次方成正比例增加),因此应核验动力机是否会超载。也可更换成高扬程泵或采用两台水泵串联等方式。除此,适当锉大叶轮出口宽度或叶片出口角度,也略能提高水泵扬程。

⑦水泵吸水管安装不良。如吸水管略有突起处,积聚空气,破坏吸水真空。这时应进行改装,把和水泵进口连接的平管段装成微向泵进口方向上斜;水泵进口同心渐缩管应改成上平下斜的偏心渐缩管。

在运行过程中,出水突然中断或减小的原因可归纳如下:

①水泵进口处有空气逐渐积聚,破坏了该处真空。对 SH 型泵可能由于两端填料过松或磨损而进气,或由于轴套处轻微进气。对叶轮有平衡孔的 B(BA)型泵,如果填料箱中的水封环和水封管不通,就无法形成水封,空气就有可能从填料处经平衡孔进入叶轮进口处。另外,吸水管也可能轻微漏气,或因吸水管水下部分破损,当运行中吸水池水位降低至该破损处时,空气被吸入,出水就会突然中断;有时由于水中含有大量空气,当其随着水流至闸阀,泵和管路的凸起部位时,就会逐渐积聚,导致出水中断或减小。

②口环和叶轮间的径向间隙过大,产生回流。由于汽蚀或泥沙,扣环磨损严重时会形成大量的回流,降低了出水量,甚至使出水中断。对 SH 型泵,有时因上下泵盖间的平面加工不平整或纸垫厚薄不匀,或因连接螺丝未上紧,可能引起高压区的水串流至低压区,如图 1-2-19 所示,这时可平整纸垫或将结合面上的四个减重孔用水泥堵塞抹平,增大上下盖的接触面积。

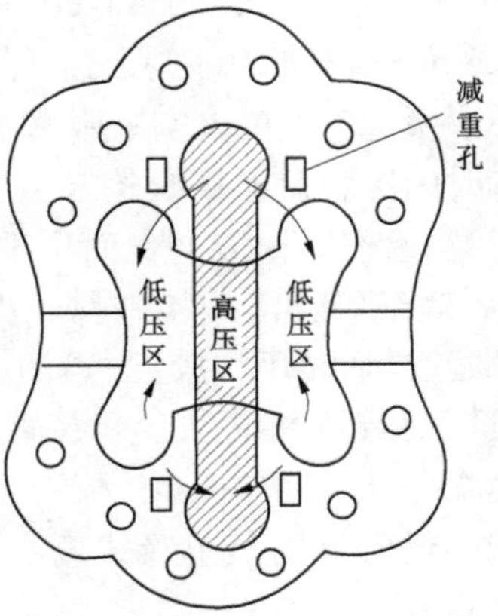

图 1-2-19　SH 型水泵上下泵壳间的平面示意图

③过流部分局部被杂物堵塞。这时水泵的出口处的压力表读数和电流表读数逐渐下降。有时因出水管闸阀阀舌钢丝断裂,阀舌掉到阀体中,阻止水流畅通。

④水泵转速不足。可能由于电压过低,如为皮带传动可能是皮带尺寸配合比不当或皮带打滑等。

⑤水中含沙量过大,一般规定水中含沙量达 10%左右应停止运行。根据试验,当含沙量为 10%时,流量将减小 16%左右。

⑥运行中,因进水池水面下降或出水池水位升高使实际扬水高过大,导致出水量减小或供水中断。

(24)离心泵在运行过程中为什么发生振动和噪声？怎样预防？

答:水泵振动往往是事故的先兆。正常运行的机组,平稳,响声很小,用手触及机壳应无振动感。如果机组振动较大,伴有杂音,应立即停下,消除隐患。

形成振动的原因可能有以下几点:

①机组安装质量不良。如水泵和电动机轴的同心度不符合要求。一般卧式离心泵,机泵轴心线径向偏差不得大于 0. 03~0. 08 mm,轴向间隙应小于 0. 1~0. 4 mm;对于大中

型立式泵机组，要求同心度 $e \leq 0.08$ mm，对于小型机组，以 e 不超过 0.1 mm 为宜。又如泵轴弯曲未经校直，运行时产生附加的离心力引起振动；用皮带传动时，传动带过松或接头搭接不良也会引起振动。

②水泵叶轮受力不平衡。运行中由于叶轮局部磨损，个别叶道堵塞或叶轮本身制造不良，各径向断面质量不等，运行时产生不平衡力，引起振动。

③叶轮口环间隙过小或不匀，和泵壳产生机械摩擦。这时除功率增大外，还伴随有机械摩擦声和振动。机组滚动轴承的滚珠破碎，或滑动轴承的轴瓦间隙过大，易造成泵轴的振动，引起水泵振动。如果泵轴振动和叶轮自振频率相同，形成共振，为避免事故发生，应注意对轴承的维修，并定期加注、更换润滑油脂。机组地脚螺栓未固紧或松动，常引起水泵振动。叶轮转向不对，因而泵中水流紊乱、脉动而引起振动。

④水泵发生汽蚀。因气泡在泵中破裂冲击叶片引起叶轮振动和水流脉动，是导致水泵振动和噪声的主要原因。

由于水泵吸程过大，吸水管淹没深度不足或吸水池形成漩涡而吸入空气，特别是当出现池底漩涡时，将引起水泵产生较严重的振动和噪声，这时应增大淹没深度或采取消除漩涡的措施。

综上所述，水泵的振动和噪声的成因可归纳为机械和水力两大类。由水力产生的振动和噪声往往比机械因素严重，形成噪声的水力因素除上述汽蚀和漩涡外，还有：

①叶轮转动产生的噪声。每当叶轮叶片经过泵壳隔舌时，叶轮出流对隔舌产生脉动冲击，此冲击通过隔舌传到泵壳上并发出噪声，其基本频率为

$$f = Zn(\text{次}/\text{s}) \tag{1-2-50}$$

式中：Z 为叶轮叶片数；n 为水泵转速，r/s。

实践表明，适当加大叶轮外缘和隔舌之间的间隙，噪声明显减小。

②叶轮进口流速分布不均产生的噪声。由于大多数叶轮叶片入口处圆周速度不等，因而在该处形成水压脉动，产生噪声，特别是当叶轮前装有弯管时，由于进水的偏流，加剧了入口处的流速分布不均，应力求避免这种安装方式。

③脉动噪声。当水泵扬程特性曲线具有驼峰形式（水泵扬程起初随流量的增加额增加，达最大值后又逐渐下降）时或管线上装有空气室，或用闸阀调节流量时，都会形成水流的脉动现象，从而产生噪声。为消除这种噪声，应避免采用上述泵型和措施。

噪声的防止和减弱除上述措施外，还可采用隔音罩将机组罩住或采用隔音墙和防振设备等。

为防止噪声对运行人员的危害，根据有关规定，距泵 1 m 处的噪声级应小于 65 dB；泵站周围，噪声级应限制在 40~45 dB 以内。

（25）水泵填料漏水过多、磨损快，轴承磨损和温升过高是什么原因？

答：水泵填料漏水过多、磨损快可能是填料变质失去弹性或填料质量不好造成的。目前广泛使用的浸油石棉填料干枯硬化后，结成硬块，大大减小了填料和轴的接触面积，填料磨损后远离泵轴，成为漏水或进气的主要原因，造成填料变质失效的原因还有以下几个：

①填料更换周期过长。运行时，填料压盖过紧，填料受压包紧泵轴，同时使水封环的

轴封水不能顺利通过，填料得不到足够的冷却和润滑，很快发热硬化而失效；或因水封环的内环过小，环上小孔数量不足或堵塞，以及水封环安装位置不正等使轴封水不能畅通而导致磨损。

②压盖和泵轴配合公差过小，造成摩擦，堵塞了轴封水的渗出。

③轴封水中含沙量大，使填料短期内磨损，这时应改换清水进行水封。

总之，在水泵运行中，使填料箱的漏水量稍大些，对填料的润滑、冷却和防止进气是有利的。

轴承磨损和温升过高大多由于维护、检修不良，特别是轴承润滑失效所致。在水泵运行中，如果室温为 35 ℃左右，温升超过 45 ℃（滑动轴承），或用手背摸试感到烫手时，则表明温升已不正常。轴承磨损和过热的原因可归纳如下：

①滚珠轴承和滑动轴承油量不足或过多，油质不良，泥沙、铁屑等引起轴承发热和磨损。一般要求水泵的滚珠轴承中应加钙基黄油，因它不溶解于水；电动机轴承应加钠基黄油，因它耐高温（可达 125 ℃）。轴承中黄油量太多，会因散热不良二次发热，因此一般加至轴承箱的 2/3 为宜。有时因滑动轴承的甩油环损坏或安放位置不正而引起过热。用皮带传动时，由于皮带拉得过紧，或把用联轴器直联的水泵（如 SH 型泵）改为皮带传动，导致轴承受力增大而发热。这时，可调整皮带松紧程度或另设皮带轮支架。

②轴承内圈和泵轴配合太松或太紧，都会引起轴承发热，因为配合太松时，泵轴将在轴承内圈里转动，或整个轴承孔内转动；配合太紧时，将使轴承内圈与外圈之间的间隙减小，造成轴承转动不够灵活。由于泵轴弯曲或不同心引起机组振动，从而导致轴承的磨损和过热。

由于叶轮平衡孔被堵塞不通（如 B 型泵），使轴向推力增大，结果使轴承受力增大，引起发热和磨损。

对大、中型泵，当采用滑动轴承承受机组转动部分的径向力而由滚珠轴承承受轴向推力时，如果后者在轴承座中配合过紧，运行时转动部分的振动力就可能作用在滚珠上而被压碎或烧毁。

（26）对没有铭牌的离心泵怎样确定其流量、扬程和转速？

答：对无铭牌离心泵流量的确定，只要量出水泵进水口直径 d，即可根据前述所列式（1-2-14）~式（1-2-16）求出。对离心泵的额定扬程可写出如下表达式：

$$H = KD_2^2n^2 \tag{1-2-51}$$

式中：K 为与泵结构有关的常数；D_2 为泵叶轮出口直径，m；n 为泵的额定转速，r/min。

根据统计资料：对单级离心泵，$K \approx 0.000\,12$，所以其扬程为

$$H = 0.000\,12D_2^2n^2 \tag{1-2-52}$$

对多级离心泵单级叶轮扬程，$K \approx 0.000\,14$，所以可得：

$$H = 0.000\,14D_2^2n^2 \tag{1-2-53}$$

离心泵额定转速的确定：对单级离心泵，转速随水泵进口直径的增大而减小，如表 1-2-4 所列。

表 1-2-4　离心泵进口直径和转速关系

水泵形式	单级		单级双吸				
进口直径(mm)	100 以下	150~200	200 以下	250~300	500~600	800	900 以上
转速(r/min)	2 900	1 450	2 900	1 450	970	730(或 585)	485(或 300)

综上所述,对无铭牌的离心泵,只要量出泵进口直径和叶轮外径,即可由相应公式和表 1-2-4 分别求出其额定流量、扬程和转速,方法十分简单。

(27)水中含沙量大小怎样表示？含沙量对水泵工作参数有什么影响？

答:含沙量是指 1 m^3 体积浑水中所含泥沙的质量,单位是“kg/m^3”。另外,含沙量的大小也可用含沙率 ρ 表示,即在 1 m^3 体积浑水中,泥沙质量占浑水总质量的百分比。

计算公式为

$$\rho = \frac{W_{沙}}{\gamma_{浑}} \times 100\% \tag{1-2-54}$$

式中:$W_{沙}$为 1 m^3 浑水中泥沙的质量,kg/m^3;$\gamma_{浑}$为浑水重度,即 1 m^3 浑水的质量,kg/m^3。

浑水重度 $\gamma_{浑}$可根据含沙量 $W_{沙}$求出,如图 1-2-20 所示。

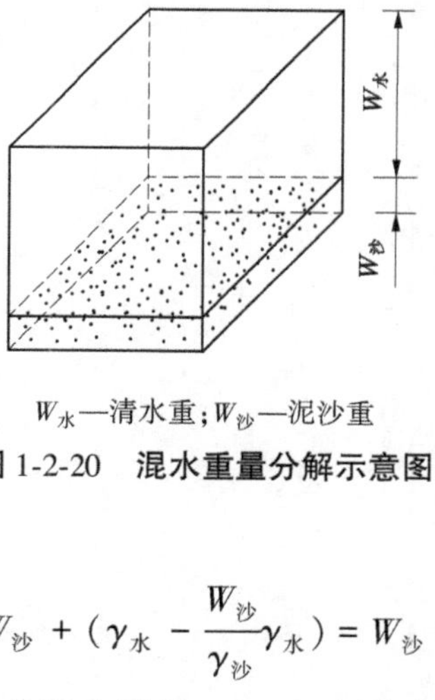

$W_{水}$—清水重;$W_{沙}$—泥沙重

图 1-2-20　混水重量分解示意图

$$\gamma_{浑} = W_{沙} + W_{水} = W_{沙} + (\gamma_{水} - \frac{W_{沙}}{\gamma_{沙}}\gamma_{水}) = W_{沙} \times \left(1 - \frac{\gamma_{水}}{\gamma_{沙}}\right) + \gamma_{水} \tag{1-2-55}$$

式中:$W_{水}$为 1 m^3 体积浑水中清水所占质量,kg;$\gamma_{水}$为清水重度,一般 $\gamma_{水} = 1\ 000\ kg/m^3$;$\gamma_{沙}$为泥沙重度,一般 $\gamma_{沙}$为 2 650~2 700 kg/m^3。

将 $\gamma_{水} = 1\ 000\ kg/m^3$,$\gamma_{沙} = 2\ 700\ kg/m^3$ 代入式(1-2-55),可得:

$$\gamma_{浑} = 1\ 000 + 0.63W_{沙} \tag{1-2-56}$$

将其代入式(1-2-54)中,得:

$$\rho = \frac{W_{沙}}{1\ 000 + 0.63W_{沙}} \times 100\% \tag{1-2-57}$$

根据式(1-2-57)即可从含沙量 $W_{沙}$求出以百分比表示的含沙率 ρ;反之,可由 ρ 求出 $W_{沙}$。含沙量对水泵工作参数有显著影响,随着过泵水中含沙量的增大,水泵流量减小,功率增大、效率下降。根据室内试验和现场观测,水中含沙量 ρ 和水泵流量 Q、扬程 H、轴功

率 N 和效率 η 有下列关系：

$$Q_\rho = (1 - 0.018\rho) Q_0 \tag{1-2-58}$$

$$H_\rho = (1 - 0.0025\rho) H_0 \tag{1-2-59}$$

$$\left.\begin{aligned} N_\rho &= (1 + 0.003\rho) N_0 (\rho < 7\%) \\ N_\rho &= (0.85 + 0.022\rho) N_0 (8\% < \rho < 15\%) \end{aligned}\right\} \tag{1-2-60}$$

$$\left.\begin{aligned} \eta_\rho &= (1 - 0.0143\rho) \eta_0 (\rho \leqslant 5\%) \\ \eta_\rho &= (1 - 0.032\rho) \eta_0 (\rho > 5\%) \end{aligned}\right\} \tag{1-2-61}$$

式中：Q_0、H_0、N_0 和 η_0 分别为 $\rho=0$（清水）时水泵效率最高点对应的流量、扬程、功率和效率值；Q_ρ、H_ρ、N_ρ 和 η_ρ 分别为含沙率为 ρ（以百分数表示）时，效率最高点所对应的流量、扬程、功率和效率。例如，当 $\rho=10\%$ 时，可分别求出：$Q_\rho=0.82\ Q_0$，即流量减小 18%；功率增大 7%；效率降低 20%。

参 考 文 献

[1] 冯晓莉,仇宝云,黄海田. 大型泵站经济运行研究进展[J]. 流体机械,2006,34(4):32-37.

[2] 王立. 我国泵系统节能的现状及发展前景[J]. 水泵技术,2012(1):28-30.

[3] 张玉胜,吴建华,李雪转,等. 夹马口取水泵站节能运行优化设计研究[J]. 人民黄河,2016,38(7):142-145.

[4] 王立辉,单长清. 供水系统停泵水锤防止措施的探讨[J]. 冶金动力,2000(2):34-37.

[5] 朱满林. 泵供水系统水锤防护及节能研究[D]. 西安:西安理工大学,2007.

[6] 雷雨. 张峰水库七坡泵站供水工程安全运行模式分析研究[D]. 太原:太原理工大学,2012.

[7] 宋思怡. 长距离大管径输水管道水锤防护研究[D]. 西安:长安大学,2015.

[8] 李强. 基于遗传算法的梯级泵站优化运行研究[D]. 武汉:武汉大学,2005.

[9] Hughes, Trevor C. Optimal capacity of municipal water supply pumps[J]. Journal of the Water Resources Planning and Management Division, 1979, 105(2):317-328.

[10] Callahan T F, Astill K A. Computer analysis to compare the energy consumption of variable and constant speed pumps for agricultural irrigation[J]. ASAE Publication, 1981, 2:472-478.

[11] Coulbeck B, Orr C H. Optimized pumping in water supply systems[C]//Budapest, Hung, Bridge Between Control Science and Technology, 1985:3175-3180.

[12] Jowitt, Paul W, Germanopoulos, et al. Optimal pump scheduling in water-supply networks[J]. Journal of Water Resources Planning and Management, 1992, 118(4):406-422.

[13] Brdys, M. A. Algorithm for optimal scheduling of a class of cascade water supply systems[J]. Optimal Control Applications and Methods, 1992, 13(4):265-287.

[14] Sousa J, Da Conceição Cunha M, Sá Marques A. Optimal pumping scheduling model for energy cost minimization: Two different resolution methods[C]//Haldiki, Greece, First International Conference on Water Resources Management, 2001:25-34.

[15] Moradi-Jalal, Mahdi, et al. Optimal design and operation of irrigation pumping stations[J]. Journal of Irrigation and Drainage Engineering, 2003, 129(3):149-154.

[16] Prasad, T. Devi, Lopez-Ibanez, et al. Ant-colony optimization for optimal pump scheduling[C]. Cincinnati, OH, United states, 8th Annual Water Distribution Systems Analysis Symposium 2006. 2007:77.

[17] Pasha M F K, Lansey K. Optimal pump scheduling by linear programming [C]//Kansas City, MO, USA, Proceedings of World Environmental and Water Resources Congress American Society of Civil Engineers, 2009:395-404.

第 2 篇　郭壁供水物联网自动化监测与控制体系

第 1 章　绪　论

1.1　研究目的及意义

随着改革开放的进一步扩大,中国特色社会主义的发展进入新纪元,中国水利事业的发展也随之跨入蓬勃发展的新时代。习近平总书记深刻洞察提出"节水优先、空间均衡、系统治理、两手发力"的新时代水利工作十六字治水思路,并对节水优先进行了深入阐述。突出强调针对我国当前的水资源所产生的供需矛盾,应该转变方向,将以往改变自然、征服自然的观念意识转变为顺应自然、保护自然、合理利用自然资源的新时代水利工作思想思路。

合理分配、充分利用水资源需要采取行之有效的方法和措施,重点在于解决当前水资源分布不均、调配能力弱的问题,供水泵站工程作为水利枢纽工程中极为重要的支撑,是水资源领域内唯一的人工动力来源,我们应该针对当前实际矛盾创造有效解决水资源在时间、空间上的分配不合理问题,而通过供水泵站工程进行跨空间跨流域调水是我们目前解决水资源问题的主要可行性方案。

时至今日,伴随社会经济的发展,供水泵站工程已经在不仅在水利工程,在其他众多领域也发挥越来越重要的作用,抵御季节性洪涝干旱灾害、解决城市水资源分配不均产生的供水问题、改善生态农业生产调控调节、保障水资源可持续高效率供应等,供水泵站工程已然成为国民经济发展的重要支柱性产业。当今计算机技术仍是社会最先进的生产要素之一,2020 年我国全面跨入 5G 信息时代,计算机技术日趋成熟、日益广泛地应用于国民社会、经济生活的方方面面,科学地运用信息技术不仅能够使管理效率提高,而且还能提升工作水平。当前,由信息物联网、移动互联网、人工智能高新技术、大数据技术为代表的新一代计算机技术正给我们带来第三次信息技术革命,以数据为基础将引领整个人类自工业革命以来的又一次大规模生产力解放及技术腾飞。而在这次技术革命浪潮中收益的水利工程,也将通过计算机技术与供水泵站工程基础设施相结合,将供水泵站工程管理运营系统相融合,使新时代水利信息化发展走向人工智能自动化,从前相对陈规守旧的水务领域也在悄然发生着数字化变革,"智慧水务"新构想也应运而生。

供水泵站物联网监控系统是在供水工程中综合应用计算机技术、通信技术、自动控制技术,对供水系统的整体实时运行状况进行自动监控与远程控制,从而实现供水系统的优化调度和自动化运行。供水自动化系统一方面能够有效地实现常规意义上的工业过程自动化控制,减轻工作人员机械工作强度;另一方面也可以集信息流一体化和信息管理自动化为一体的综合自动化,大大提高供水系统的效率,实现真正的节能减排。

实施供水自动化的首要素就是要实现供水系统的信息化管理,而供水系统信息化是以提高供水系统的运行效率、实现供水系统优化调度运行、对泵站进行科学系统现代化管理为目的,达到不断提高有限水资源利用率的最终目标。

1.2 国内外现状

当前,随着信息化时代和5G时代的到来,物联网监控系统已经普遍运行于大中型的供水泵站工程中,并且以迅猛的发展势头飞速前进。本节拟从国内、国外两方面入手,探究物联网监控系统技术的发展趋势和研究现状。

1.2.1 国内研究现状

纵观我国国内物联网监控技术的发展历程,自新中国成立到改革开放,再到全面迎来信息化时代,我国在供水泵站物联网监控技术发展过程中,大致可分为四个发展阶段,并在每一阶段都取得一定的成就。

(1)第一阶段为19世纪60~70年代。在此阶段主要为物联网监控技术形成的基础,也是物联网监控技术的雏形,称为供水泵站计算机监测技术。

(2)第二阶段为19世纪70~80年代。1986年,随着湖北省汉川二站的投入使用,供水泵站计算机监控系统又迈出一大步,该泵站的计算机监控系统采用JYTO850型综合调度端,可具体分为常规自控装置和微机自控装置两部分,实现了汉川二站内泵站运行参数的自动采集,水泵叶片角度的自动操控,关键部位的水雨情,闸阀门情况的遥测、遥控、遥信、遥调。

(3)第三阶段为19世纪80~90年代。伴随着计算机技术的长足发展,人们对于计算机技术的重视程度也在不断提高,供水泵站计算机监控系统也迎来了发展的良好前景。

(4)第四阶段为20世纪以来。随着供水泵站工程的发展和物联网监控技术的发展,通信技术、自控技术等各项“互联网+”的应用,近年来,越来越多的学者提出“智慧水务”的概念。“智慧水务”的研究和探索也在逐步推进,其内涵和意义也在不断地更迭,进一步推进了供水泵站计算机监控系统的发展。

目前,国内的大中型供水泵站在历次的更新改造和新建过程中已经设计加入计算机监控系统,可以实现对泵房泵站、沿线管路及其附属设施、蓄水池等整体供水泵站工程进行全方位、立体化的监控、调度。与此同时,为适应以5G为代表的互联网高速发展时代的到来,国内各大中小型供水泵站的计算机监控系统不断进行更新改造升级,本部分在此基础上提出“供水泵站物联网监控技术”的概念,基于物联网监控技术的范畴内,各大供水泵站工程不断丰富计算机监控范围,提升自动化装置性能,形成高集成化、高科技型的供水泵站自动化管理模式。

1.2.2 国外研究现状

在物联网监控技术领域,有一些技术成熟、设备先进的国家,例如美国、英国、日本、荷兰和俄罗斯,这些国家所运行的供水泵站系统都实现了供水泵站计算机监控系统实时化、自动化,部分先进国家已着手建设供水泵站物联网监控系统。

自20世纪六七十年代,美国西部的加利福尼亚州调水工程就是十分优秀的案例,解决了当地加利福尼亚中部及南部地区亟待解决的干旱缺水和城市综合发展问题。调水工程由水资源部统一集中管控，在 1964~1974 年 10 年间安装了操作控制系统，其中覆盖计算机、通信设备和电子设备等领域。通过安装该操作控制系统，完成了对泵站和电厂、节制闸、闸门和其他各种操作设备、调水设施进行遥信、遥控、遥测、遥调和集中调度等实时运行管理。其中，调水设施的中央控制模块主要由六大板块组成，分别是计算机控制系统模块、CRT 系统模块、调度控制模块、模拟显示屏模块、打印模块及通信模块。其中，实时模拟显示屏为矩形，带有循环警铃装置，若出现突发事故或紧急情况，警铃装置将会自动报警，并反馈信息到集中控制系统。

日本在物联网监控系统的控制管理方面同样具有领先水平，日本的供水调水相关管理系统的实时监测监控设备伴随着 CRT 的高精度化、辅助存储器的小轻型化、大体积容量化及微小型计算机的广泛普及，自动化水平有了迅猛发展。相对于小型设备，大型泵站优势在于设备集中、更容易实现管理自动化。

除美国、日本外，在欧洲，罗马尼亚、英国、荷兰、奥地利和法国等国家的供水泵站基本上已经实现了泵站实时监测监控系统自动化。

据最新调查报告，许多国家已经把物联网监控技术应用于对泵站实时运行工况的监察监测以及整个流域系统所有可知泵站的集中管控上。这些功能不仅覆盖了泵站实时运行监察监视、突发故障及时诊断、多向多层集中控制等，也已应用于实时监测监控系统中，用以保障突发故障处理。

1.3　监测与控制体系的内容

郭壁供水工程自动化监测与控制体系在分析供水泵站监控系统的功能性要求及一般原则的基础上，设计开发符合当今社会发展的物联网监控系统，主要内容包括：

(1)郭壁供水工程物联网监控系统的总体设计。

(2)郭壁供水工程物联网监控系统的硬件系统结构的确定、主控级系统的选择、现地级系统的选择。主控级系统主要包括工控机、PLC 及其控制柜的选型，现地级系统主要包括流量计、液位计、压力计、电动蝶阀和电动调节阀的选型等。

(3)基于太原理工大学供水泵站实验室，对物联网监控系统软件进行开发研究，对应用软件的需求进行分析，含有软件功能设计、设计流程、界面展示等。

(4)提出工程运行参数测定基本要求，包括测定意义、测定标准、测定条件、测定方法及测定要求。

(5)探究单泵在变频和工频两种工况下稳态运行时，转速变化与能量消耗之间的关系，以单方水耗电量为指标，提出供水泵站工程最优经济运行方式；设计试验对电动调节阀在不同阀门开度情况下的流量系数、阻力系数进行实测计算，并绘制电动调节阀流量特性曲线与阻力特性曲线，拟合电动调节阀流量系数、流阻系数与电动调节阀开度之间的函数关系式，以此确定电动调节阀在阀门调节过程中流量变化规律和阻力变化规律。

第 2 章　郭壁供水工程简介

郭壁供水改扩建工程是在郭壁供水工程的基础上进行全面的扩建改造,位于丹河干流下游泽州县金村镇郭壁村东的珏山脚下丹河峡谷中,地理坐标为东经 111°55′~113°37′,北纬 35°11′~ 36°04′。改扩建后的郭壁供水工程供水能力将达到城镇生活供水 2 920 万 m^3/a,农业灌溉供水 746 万 m^3/a。郭壁供水改扩建工程示意图见图 2-2-1。

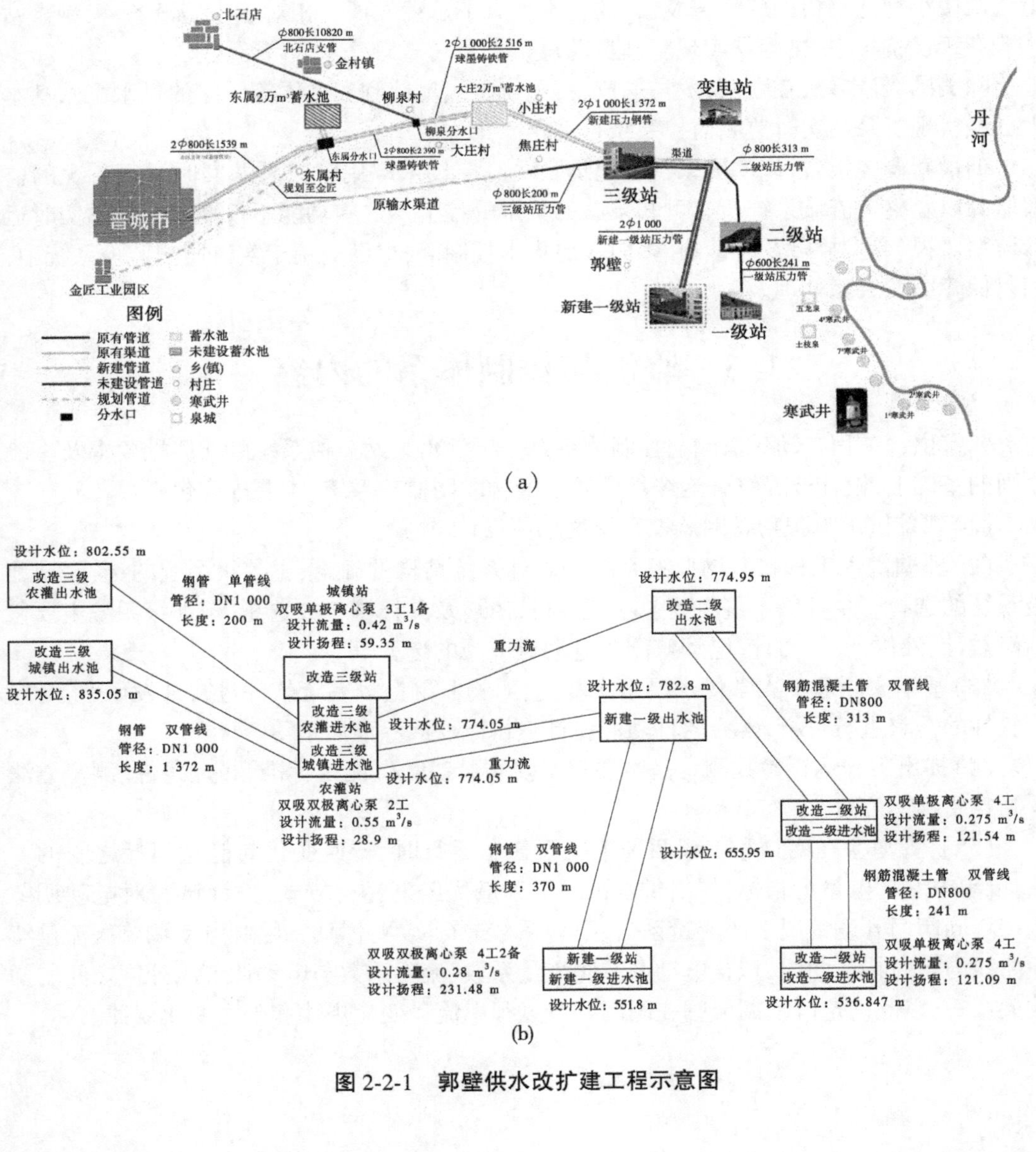

图 2-2-1　郭壁供水改扩建工程示意图

2.1　主体工程特性

主体工程特性见表 2-2-1。

表 2-2-1　主体工程特性

序号	名称	单位	数量	说明
一	工程规模			
1	设计供水流量	m^3/s	2.22	
2	年供水量	万 m^3	3 666	
	城镇供水量	万 m^3	2 920	新建
	农灌供水量	万 m^3	746	改造
3	泵站总装机容量	kW	11 920	
	新建一级泵站	kW	6×1 000	
	改造一级泵站、改造二级泵站	kW	500×4、500×4	
	改造三级泵站(农灌供水机组)	kW	250×2	
	改造三级泵站(城镇供水机组)	kW	355×4	已安装 2 台
二	主要建筑物			
1	新建一级泵站			
(1)	水泵电机型号		双吸双级(0.28 m^3/s) YXKK560-4	城镇供水 6 台
	设计扬程	m	231.48	
(2)	压力管道			
	管线长度	m	396	钢管
	管径	mm	1 000×2	
2	改造一级泵站			
(1)	水泵电机型号		单级双吸(0.275 m^3/s) YXKK450-4	供水 4 台
	设计扬程	m	121.06	
	设计提水流量	m^3/s	1.10	
(2)	压力管道			
	长度	m	241	钢筋混凝土管
	管径	mm	800×2	
3	改造二级泵站			
(1)	水泵型号		单级双吸(0.275 m^3/s)	供水 4 台
	配套电机型号		YXKK450-4	
	设计扬程	m	121.54	
	设计提水流量	m^3/s	1.10	
(2)	压力管道			
	长度	m	313	钢筋混凝土管
	管径	mm	800×2	

续表 2-2-1

序号	名称	单位	数量	说明
4	改造三级泵站			
(1)	城镇机组水泵电机型号		单级双吸（0.42 m^3/s）YXKK500-4	新建 2 台
	农灌机组水泵型号		单级双吸（0.55 m^3/s）YXKK450-6	
	城镇机组设计扬程流量	m^3/s	59.35、1.12	
	农灌机组设计扬程流量	m^3/s	28.90、1.10	
	厂房地面高程	m	773.69	
(2)	压力管道			
	长度	m	1 372	城镇供水钢管
		m	202	农灌供水钢管
	管径	mm	1 000×2	城镇供水
			1 000	拆除重建

2.2 供水系统工程布置

城镇供水系统通过新建一级泵站压力管道提水至新建一级泵站出水池，然后输水至改造后的三级泵站进水池，由三级泵站城镇供水机组提水进入城镇供水系统。农业灌溉系统从丹河河道取水，通过改造后的一级、二级泵站提水至改造后的三级泵站，由三级泵站农灌供水机组提水进入农灌输水渠道；新建一级泵站位于原一级泵站西偏北 100 m 处，主、副泵房采用“一”字形布置，安装 6 台水泵（4 用 2 备），提水总流量 1.12 m^3/s。管道包括压力管道和输水管道两部分：压力管道从新建一级泵站水泵至新建一级泵站出水池，双趟 DN1 000 mm 钢管，管线长 396 m；从新建一级泵站出水池至原三级泵站城镇供水机组进水池，采用双趟 DN1 000 mm 球墨铸铁管，管线长 1 600 m；原一级泵站位于郭壁村东南 100 m 处，原有机座位置更换 4 台工作水泵及相应配套设备，提水流量 1.10 m^3/s。压力管线采用原有的钢筋混凝土管，管线长 241 m，管道排水沟维修；原二级泵站在原有机座位置安装 4 台工作水泵及相应配套设备，提水流量 1.10 m^3/s。压力管线采用原有的钢筋混凝土管，管线长 313 m，管道排水沟维修；原三级泵站位于焦庄村南约 20 m 处的山凹内，更换城镇供水机组 2 台、建设城镇供水压力双线钢管 1 372 m（出水口送入大庄 2 万 m^3 蓄水池）。城镇供水机组 2 台，单泵流量 0.42 m^3/s、重建农灌压力管线（采用直径 DN1 000 mm 钢管替换旧的钢筋混凝土管，管线长 202 m，出水口送入焦庄渠首）；东属蓄水池设置在输水主管末端桩号 4+906 处，位于东蜀村东北约 500 m 山坡坡顶上，用于调节晋城市区供水和未来金匠工业园区供水。

限于篇幅，以下仅列出郭壁新建一级站相关资料，见表 2-2-2～表 2-2-8。

表 2-2-2　水泵型号、台数

水泵型号	台数(台)	水泵转动惯量 GD^2(kg · m²)	水泵安装高程(m)
卧式双吸双级离心泵	6(4 工 2 备)	28/17.5(工频/变频)	549.8

表 2-2-3　卧式双吸双级离心泵特性

流量(m³/s)	扬程(m)	效率(%)	*NPSH*(m)	转速(r/min)
0.268 7	234	80	4.5	1 480
0.28	231.48		4.6	
0.293 3	229		4.8	

表 2-2-4　电机

电动机型号	与卧式双吸双级离心泵对应
	YXKK500-4
电动机转动惯量 GD^2(kg · m²)	28/17.5(工频/变频)
额定功率(kW)	1 000
效率(%)	95.7/93.6(工频/变频)
转速(r/min)	1 480

表 2-2-5　水泵进水管（两根）

序号	1	2	3	4	5	6
进水管管材	Sp	Sp	Sp	Sp	Sp	Sp
进水管长度(m)	10	10	10	10	10	10
进水管管径(mm)	DN300	DN300	DN300	DN300	DN300	DN300
进水管壁厚(mm)	6	6	6	6	6	6
管材糙率	0.012	0.012	0.012	0.012	0.012	0.012

表 2-2-6　水泵出水管

序号	1	2	3	4	5	6
出水管管材	Sp	Sp	Sp	Sp	Sp	Sp
出水管长度(m)	18	18	18	18	18	18
出水管管径(mm)	DN400	DN400	DN400	DN400	DN400	DN400
出水管壁厚(mm)	8	8	8	8	8	8
管材糙率	0.012	0.012	0.012	0.012	0.012	0.012

表 2-2-7　进、出水池水位　　　　（单位:m）

水位	进水池	出水池
最高水位		
最低水位	548.8	780.3
设计水位	551.8	782.8

表 2-2-8　压力管线(两根)

序号	1	2
水管管材	Sp	Sp
水管长度(m)	370	370
水管管径(mm)	DN1 000	DN1 000
水管壁厚(mm)	14	14
管材糙率	0.012	0.012

本章对郭壁供水系统基本情况和供水管路主要设备进行了介绍,为供水泵站工程物联网监控系统的总体规划设计、硬件方案设计和软件运行设计奠定基础。

第3章　郭壁供水工程监控系统总体设计

3.1　供水泵站工程物联网监控系统设计原则

物联网监控系统是一项结构复杂、技术领域宽、功能众多、设计面广，并需要充分考虑与已建成的工程系统相互整合的系统工程，本书针对供水泵站物联网监控系统，提出其设计的一般原则：

(1)满足基本运行条件要求。

(2)满足可靠性要求。

(3)满足良好的操作性能要求。物联网监控系统设计的初衷是为管理人员提供更好的操作管控平台，因此所设计的物联网监控系统具有友好的人机界面就显得格外重要，基于友好人机界面的优良操作性能不仅可以提供便捷的操作体验，还为供水泵站运行、管理和维护提供良好的便捷操作，便捷操作主要体现在操作流程简单，图像画面形象直观，人机对话效率高，易于上手。

(4)满足系统实时性要求。物联网监控系统的实时性，具体表现为对内部和外部事件均能及时响应，并可以根据具体的事件类型做出与之相匹配的处理措施，保证物联网监控系统在处理执行过程中不丢失信息，不延误操作。物联网监控系统处理事件一般分为两类：一类是定时事件，例如数据的定时定点采集，运算控制模式运行等，对于定时时间，系统应设置时钟模块，保证定时时间可以定时定点处理；另一类是随机事件，例如事故的报警、故障位置的排查等，对于此类时间，系统一般在设计时选用中断模块设计，按照随机时间的轻重缓急程度进行中断级别预分配，当系统内随机事件响应时，可通过预分配模块优先处理紧急事件。

(5)满足系统通用性要求。系统通用性是指所设计的物联网监控系统可以在不同的设备及控制对象要求的前提下，灵活更改扩充系统内容。物联网监控系统的研发具有周期长、一次投入大的特点，而工业控制对象之间存在不同程度的差异，往往在实际工程中要求所设计的物联网监控系统具有优良的通用性，可以适用于不同工业控制对象的特点，当系统内部设备和控制对象发生变化时，稍加改动和扩充即可以适应。

(6)满足经济最大化要求。为了保证用户可以获得最大的经济效益，在满足物联网监控系统的各项技术指标性能的基础上，尽可能地压缩成本，将成本降至最低。满足经济最大化主要体现在两个方面：一是设计过程中，在满足系统正常运行基本条件的情况下，尽可能将系统设计的性价比抬高，例如选择性价比高的硬件设备；二是通过物联网监控系统的设计，优化供水泵站的运行过程，使泵站高效经济运行。经济效益最大化可以从提高产品质量、扩大产品产量、降低产能能耗、消除产品污染、保护用地环境、改善劳动条件等诸多方面进行综合、系统、详尽的评估。不仅如此，还应该保有产品市场竞争意识，在同行业良性竞争下,缩短设计开发周期,提升设计效率,从而降低整个系统费用,从根本上降低成本,还可以使新的更具有竞争力的产品尽早投入市场,获得更大的经济效益。

(7)满足较短开发周期的要求,为了使用户更快地收回投资,物联网监控系统的开发时间不能过长,设计开发周期的长短将直接影响经济效益。更为严峻的是,由于计算机技术发展迅猛,短短几年时间,技术的再一次革命就会来临,而之前处于前沿的技术水平就会变得过时,设计开发时间周期过长,相当于缩短了系统的使用寿命,也降低了产品的经济效益。因此,在设计时,如何尽可能地使用成熟的技术,如何能在技术更迭中站稳脚跟,是影响设计周期以及产品质量的重中之重。

3.2 供水泵站实验室物联网监控系统功能性需求

郭壁供水工程物联网监控系统可以分为主控级和现地级两部分,其功能需求从两部分分别进行阐述。

3.2.1 主控级主要功能

(1)数据采集。采集各现地级控制单元具体控制操作及事件流程记录,并将采集到的数据存入软件系统的实时数据库中,以便随时调取查阅。

(2)数据处理。进行大规模数据编码,校验系统传输误差及数据过程传输差错的控制。同时,以数据为基础,生成各种数据库,针对主要工况参数量的运行趋势来集中进行系统总结分析,水泵流量、水泵扬程、水泵功率、水泵效率、管路系统各测点压力要集中进行运行曲线展示,将数据曲线图表化、系统化显示。

(3)显示监视。对供水泵站系统的运行状态、运行参数及事故报警以直观、具体、形象化的方式进行动态显示。

(4)控制调节。工作人员或管理操作人员通过计算机上的人机界面对系统设备进行集中调控。控制的主要内容包括在各种运行工况下水泵的运行方式、水泵的启停、阀门的开启等。

(5)记录和打印。记录供水泵站系统各个操作过程动作、实时表现参数、报警事件,形成历史数据库。不仅能在LCD屏显示,还能在打印机上实现定时或召唤打印。

(6)运行管理。按照需要将供水泵站系统运行的数据进行有效的累积记录,并根据供水泵站主要设备工作状态和控制要求,提出运行过程中的操作指导和事故应急处理方案。在此基础上显示运行操作画面,供管理工作人员确认并执行;当供水泵站主要设备发生应急事故故障时,提出事故应急处理方案,供管理工作人员参考并执行。

(7)软件开发。系统技术工作人员可以对系统软件进行在线或离线操作,对物联网监控系统的人机界面、报表数据库等进行编辑、修改、装入和卸载等操作,并且能够在不影响自动化监控系统的正常运行的前提下进行上述操作。

3.2.2 现地级主要功能

现地级为各现场控制单元,当主控机发生故障时,各现地级控制单元的LCU不会受

到其影响。主要功能如下:

(1)数据采集与处理。对现地级监控对象进行数据的采集和处理,采集主要来自传感器的各项数字量和模拟量数据并进行相关处理,通常会将采集到的模拟量信号处理为可被计算机识别的数字量信号。

(2)显示监视。对采集各传感器的运行状态和运行状态下的参数进行集中监测和显示,同时在现地级设置计算机控制和显示主要设备运行状况。

(3)控制调节。一般情况下,控制调节方式分为集控和就地两种,现地级控制单元可以灵活选择控制调节方式。当选择集控控制调节时,现地级控制单元仅可以接受主控级对现地级控制的指令,从而进行工作;当选择就地控制调节时,现地级控制单元可以实现对本站级的监控设备实施人工就地手动操作,此时现地级控制单元不再接收主控级对其的控制指令,但不影响其对主控级传输数据信息。

(4)通信。搭建主控级与现地级之间信息数据实时传递桥梁,实现供水泵站现地级主要传感设备与主控级物联网监控终端之间的信息共享机制,形成智能化、信息化的数据信息传递。

(5)自诊断。

3.3　供水泵站实验室物联网监控系统设计主要框架

根据供水泵站工程物联网监控系统的设计原则及郭壁供水工程物联网监控系统设计的功能性要求,现对郭壁供水工程物联网监控系统设计的主要内容从体系结构、层次架构和网络结构三方面进行介绍,力求避免传统综合信息化系统独立建设的数据共享困难、系统运行维护投入大等弊端。

3.3.1　体系结构

郭壁供水工程物联网监控系统总体设计以现地级监控系统为基础,以一体化管控平台为纽带,与现地级自动化设备进行数据交互,实现全面、及时的数据采集、远程数据传输、实时数据库写入及历史数据库查询,构建统一的数据共享平台。通过一体化应用支撑平台,对统一数据平台中的数据进行专业化的数据分析与处理,提供不同领域的综合数据分析及应用服务支撑。基于一体化应用支撑平台提供泵站、控制阀门、传感器等综合监控监测数据,进一步实现泵站自动化综合监控、阀门自动化控制监测、动力与环境系统综合监控、视频传输综合监控四大模块,全面提高工程各项业务的处理能力、响应效率,实现供水泵站工程的自动化控制和为全线调水安全保障提供有力支撑。

根据郭壁供水工程的运行管理实际情况,充分结合泵站信息化系统建设目标,拟定将系统逻辑构造分为基础设施层、通信网络层、数据资源层、应用支撑层、业务应用层,各层均遵循建设运行管理与标准规范体系。系统总体框架如图 2-3-1 所示。

(1)基础设施层。各现地监控单元系统的采集系统,是对于供水泵站实验室数据采集、分析、实施调度决策的基础,包含自动采集、人工上报、上级下达、外置设备接入的各类信息。由泵站现地监控、阀门现地监控、动环现地监控以及视频现地监控四大系统构成,

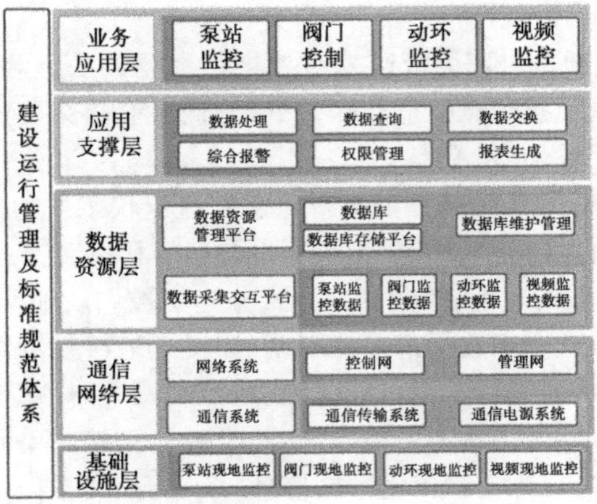

图 2-3-1　系统总体框架

覆盖供水泵站实验室信息化建设基本要素。

(2)通信网络层。由网络系统和通信系统两大部分组成,是网络系统进行数据交换的数据库平台,为各系统之间信息化的数据传递、资源共享提供网络通信平台。通信系统由通信传输系统和通信电源系统组成,包含工控交换系统、通信传输系统、综合网管系统、通信管道、通信光缆等部分。

(3)数据资源层。是整个信息化系统的核心枢纽环节,对整个物联网监控系统所采集的数据信息进行处理和存储管理,将经过处理的数据传送至应用支撑层,实现数据信息的全方位反馈,分为数据资源管理平台及数据采集交互平台,其中数据资源管理平台是实现对系统运行过程中各项数据的存储,进一步整合系统运行资源,减少冗余设计,强化数据管理成本,降低数据存储风险。数据资源管理平台由数据库、数据库存储平台、数据库维护管理平台构成,功能为:①数据库包括供水泵站信息化系统所需要的实时数据、历史数据、元数据;②数据库存储平台主要是对预处理、粗处理、精处理数据的存储,保障本地数据的安全备份与恢复;③数据库维护管理平台可以对系统运行数据和管理控制数据等进行整合管理。数据采集交互平台是实现整体供水泵站信息化各类现地级资源信息的采集处理与指令交互,数据采集与数据交互系统均提供可配置、透明化、满足实际工程要求的通信接口。

(4)应用支撑层。链接数据资源层与业务应用层的中间桥梁,其作用是实现资源之间的有效共享功能及应用系统之间的互联互通,是应用系统与其他平台之间进行信息交换、传输、共享的核心环节。应用支撑层主要包括数据处理、数据查询、数据交换、综合报警、权限管理、报表生成等服务。

(5)业务应用层。分为四个子系统,包括泵站监控系统、阀门控制系统、动环监控系统、视频监控系统。

3.3.2　层次架构

依据郭壁供水工程物联网监控系统的基本要求及调度特点,系统采用分区分层方式进行设计,在纵向设置分层设计,在横向设置分区设计。

(1)纵向分层设计。考虑到实际供水泵站实验室在试验管理、试验运行等方面的不同应用需求,在设计纵向层次架构时将系统分为 2 层,如图 2-3-2 所示。①主控级:主控级作为整个供水泵站实验室物联网监控系统控制中心,负责供水泵站实验室运行试验的整体监控工作,是供水泵站实验室安全稳定运行的最高决策级,掌握调度指令的决策权力,是整个供水泵站实验室工程正常运行维护的保障。②现地级:现地级主要包括流量监控单元、液位监控单元、压力监控单元、转速监控单元、阀门监控单元等,是对泵房、阀门、水位计、流量计、压力计等各类传感器布设的现地自动化监控系统。

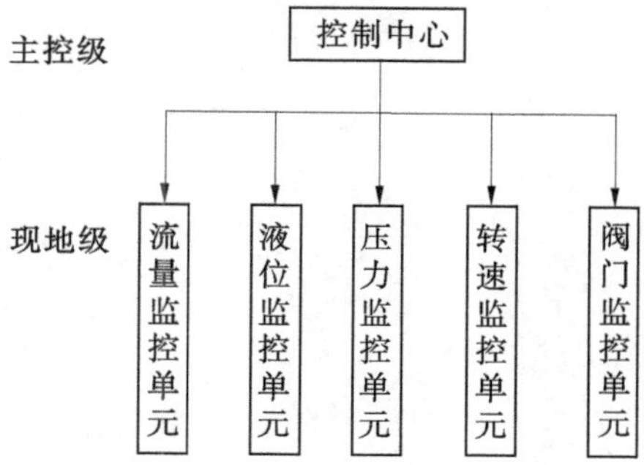

图 2-3-2　纵向分层设计

(2)横向分区设计。包括物联网监控系统、供水工程调度运行系统、视频监控系统等各个方面。在信息的传输与交流过程中,保障信息资料的安全性显得尤为重要,所以针对供水泵站物联网监控系统的横向分区设计在结构上分为控制区、管理区及外网区三个部分。控制区的部署对于数据的实时性、安全性要求最高,故在控制区设置控制专网,即远程监控系统所建广域网,用于支撑物联网监控系统内各类业务;管理区主要负责管理类应用业务的顺畅实现,可以在调度中心配置一体化综合管控平台的管理平台模块,同时在管理区设计综合信息查询展示、工程运维管理、事故故障报警管理等业务应用系统,管理区的数据主要面向供水泵站系统内的工作人员及管理人员,主要用于网络信息查询,日常办公下载等。信息外网的外网区与信息内网的管理区之间通过防火墙实现安全运行。横向分区示意图如图 2-3-3 所示。

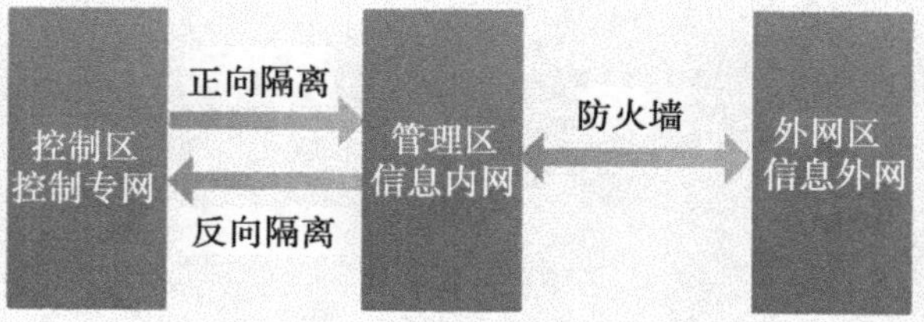

图 2-3-3　横向分区示意图

3.3.3　网络结构

在实际工程项目中,越来越多的工程项目采用公共网络进行数据的交互使用,采用公共网络作为网络结构具有较大优势:避免了自建网络通信线路,减少了资金技术的投资,缩短了建设周期;当前公共网络建设已覆盖各大县镇级,技术成熟、网络质量稳定,不受地理位置条件的限制;公共网络有电信维护部门进行专业运营维护,降低了系统建设当中的维护检修费用。租用公共网络的网络结构模式应用范围日趋广泛,将是未来大型供水泵站工程物联网监控系统建设的基本网络支持结构。

第 4 章　郭壁供水工程供水泵站实验室硬件系统选型

4.1　供水泵站物联网监控系统结构

供水泵站物联网监控系统历经国内外数十年的变化，主要历经操作指导控制系统、直接数字控制系统、集中式控制系统、计算机监督控制系统、集散式控制系统和现场总线控制系统六个阶段。

4.1.1　操作指导控制系统

操作指导控制系统又称为数据处理系统，原理如图 2-4-1 所示。

操作指导控制系统的优点在于高灵活度与安全性，数字计算机在整个系统中的作用为给出操作指导，专业操作人员可以根据操作指导的合理性进行判别，认为操作指导不符合实际要求时可以不予以采用。因此，操作指导控制系统常用于尚未完全了解掌握生产规律及监控对象具体属性的情况，这样更便于人工进行专业性判断和操控。也常用于物联网监控系统运行设计的初级阶段和新型闭环计算机监测系统控制方案的控制程序。

4.1.2　直接数字控制系统

直接数字控制系统原理如图 2-4-2 所示，优点在于整个操作系统简单易行、计算灵活性较高，属于典型的 PID 控制运算。在实际运算中，可以分时段处理几个控制回路对现场的各类设备进行周期性的数据采集，可靠度高、控制功能完善，既可以实现单独监控单个系统模块，也可以实现通过通信网络设备进行统一、集成化优化管理。缺点主要是运算速度较低。

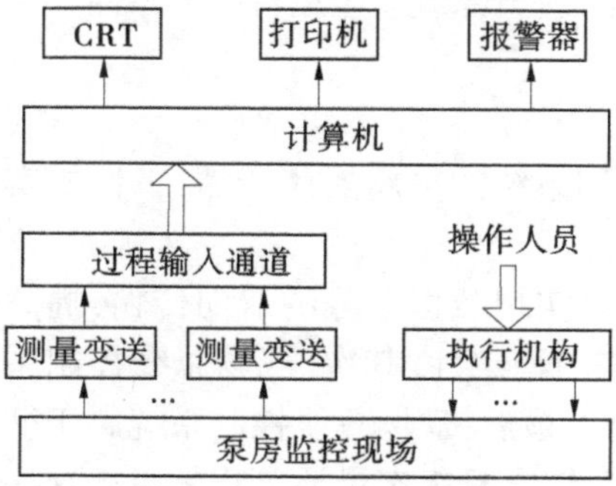

图 2-4-1　操作指导控制系统原理

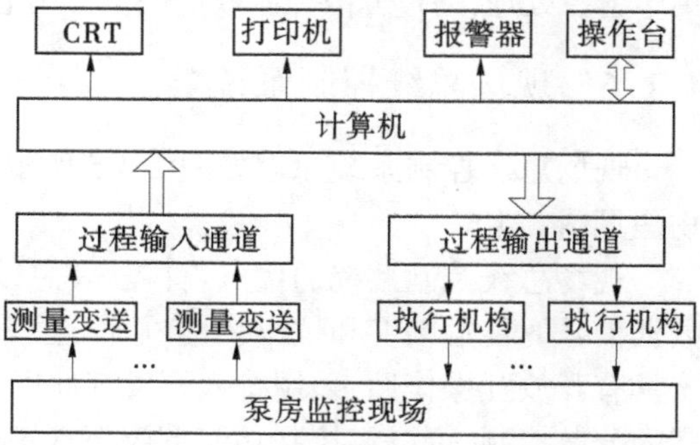

图 2-4-2　直接数字控制系统原理

4.1.3　集中式控制系统

集中式控制系统技术是一种直接进行监控的系统，严格意义上而言，它是直接数字控制系统技术的发展和延伸，优点是结构简单、清晰，界面友好。近年来，计算机和工控机技术不断提高，其 CPU 及内存也在优化提升，集中式控制系统开始在一些小型的生产过程中得以重新应用。

4.1.4　计算机监督控制系统

计算机监督控制系统原理如图 2-4-3 所示。

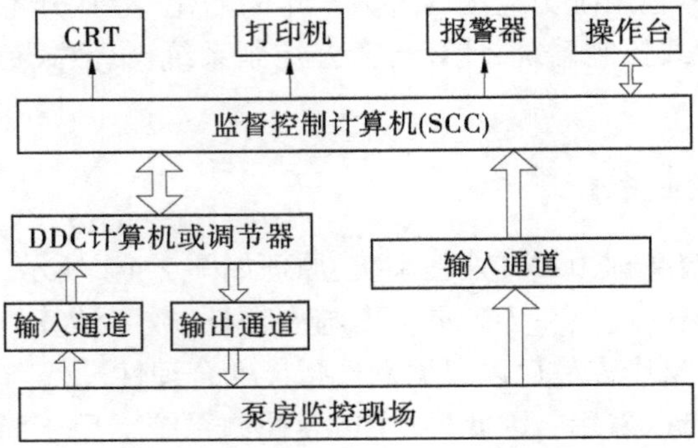

图 2-4-3　计算机监督控制系统原理

计算机监督控制系统原理与操作指导控制系统原理基本相同，不同之处在于计算机监督控制系统的输出通道可以减轻管理人员的工作负担。目前，由于计算机监督控制系统的可靠性和系统完整性，因此应用较为广泛。

4.1.5　集散式控制系统

集散控制系统原理如图 2-4-4 所示。DCS 系统于 20 世纪 70 年代起，其集中管理、分布控制的设计思路已经贯彻于计算机自动控制领域中。核心是微型处理器，对信息进行集中管控处理，通过分散控制权进一步分担危险概率，从而提升系统安全运行的可靠性。

4.1.6　现场总线控制系统

现场总线控制系统原理如图 2-4-5 所示，是分布控制系统的更新换代产品，工控机实物图见图 2-4-6。

现场总线控制系统的优点：首先，其总线式结构可以实现数据信号的双向传输，提高数据信号的传输精度和抗干扰性，从而进一步增强系统的稳定性；其次，现场总线控制系统具有开放互操作性，采用统一开发互联网，且高透明性；最后，现场总线控制系统属于彻底的分散控制，可以将控制功能下放至现场设备中，信息综合且组态灵活。正是由于这些特点，让现场总线控制系统不仅可以保证适应工业界对数字通信和自动控制的需求，而且与互联网构成多层次的网络系统，更将引领工业控制体系结构发展的新方向。

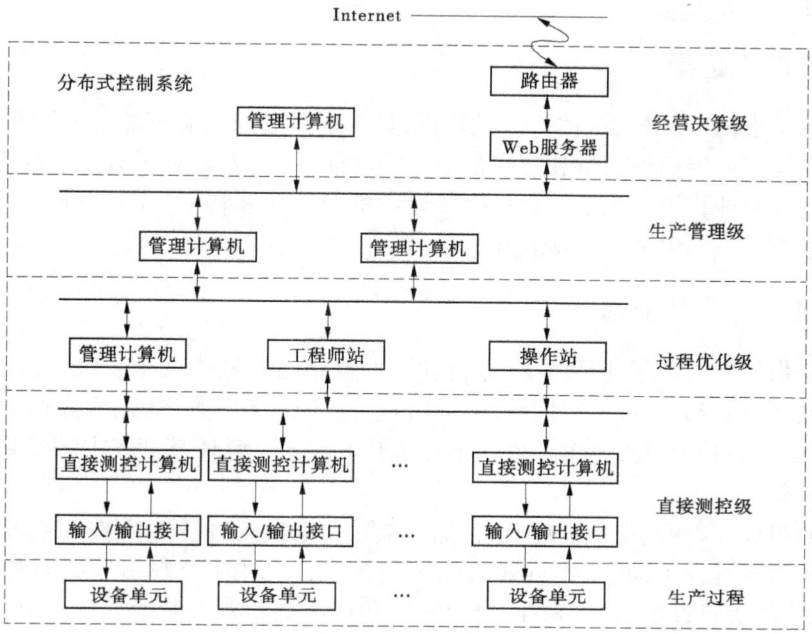

图 2-4-4　集散控制系统原理

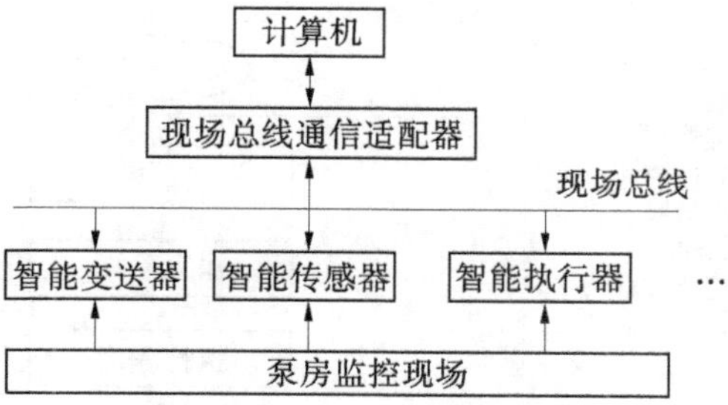

图 2-4-5　现场总线控制系统原理

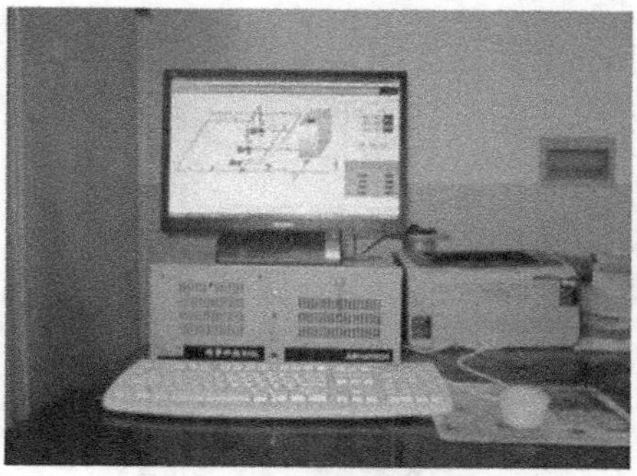

图 2-4-6　工控机实物图

4.1.7　系统结构的选择

郭壁供水工程在建设和初设阶段,考虑实际情况设计了物联网监控系统主控级和现地级监控单元等具体自动化系统功能。鉴于此,郭壁供水工程的系统结构选择集散式控制系统。

4.2　主控级系统选择

主控级系统的功能对郭壁供水工程水泵运行工况、运行时水位、流量、压力、转速等各项参数进行监测,实现整个供水泵站工程处于实时集中监控状态。主控机由工控机、PLC

及监控软件三部分组成。

4.2.1 工控机选择

工控机是指基于 PC 总线的工业计算机,具有采集监控系统模拟量和数字量信号,向监控控制系统发射传输模拟量和数字量信号的功能,以此方式对所监控系统进行监测和控制工业过程的计算机。工控机具有一般计算机的属性和特征,同时也具有一般计算机的 CPU、内存条、硬盘及外接口等设备。

4.2.2 PLC 及控制柜选择

PLC 是指专门用于工业环境下,进行设计的数字运算操作设备。PLC 采用一种可以编程的存储器,用于其内部的存储程序,同时执行逻辑计算、顺序控制等操作指令,是物联网监控系统中的核心组成,PLC 在其硬件结构上与微型计算机相同,其基本组成如图 2-4-7 所示。

PLC 的组成为电源、中央处理器、存储器、输入/输出接口、外部设备接口及扩展接口。在正常开机运行过程中,其工作方式为循环扫描式,由 CPU 控制扫描周期和扫描速度。开机后,大致经历自诊断、输入采样、执行程序和输出刷新四个阶段。完成上述四个阶段即为完成一个扫描周期,工作原理如图 2-4-8 所示。郭壁供水工程自动化系统选用 S7-200 系列 CPU226 超小型化 PLC 设备,可以满足供水泵站实验室在各种工况下的自动监测和测量数据采集,技术性能如表 2-4-1 所示。

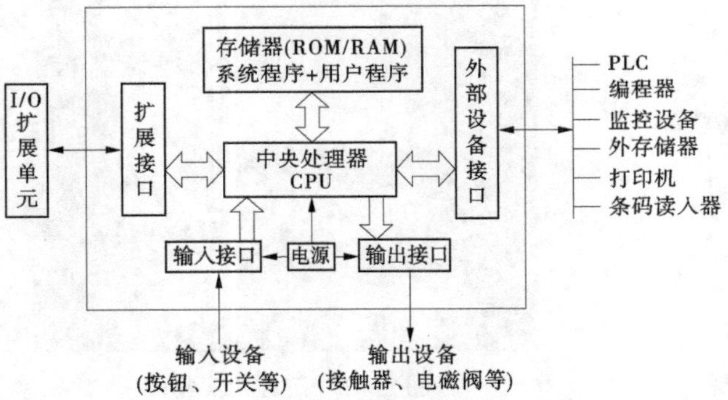

图 2-4-7 PLC 的基本组成

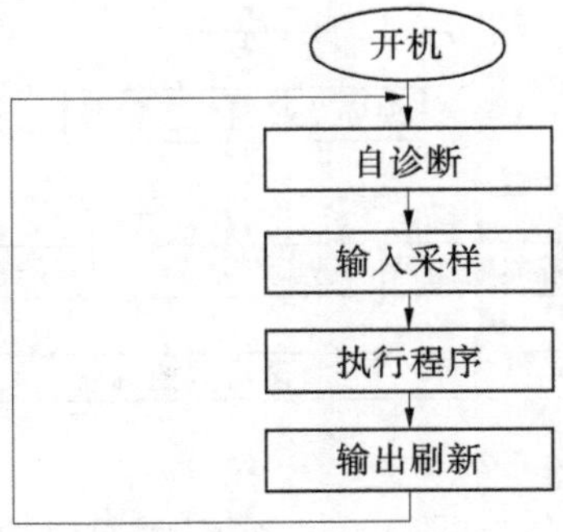

图 2-4-8 PLC 工作原理

郭壁供水自动化系统 PLC 电路设计如下:系统的控制方式分为集控和就地两种方式,由开关 SA1 控制,占用 PLC 两个输入点数;离心泵的工作方式分为工频与变频两种方式,由开关 SA3 控制,占用 PLC 两个输入点数;1#水泵、2#水泵及真空泵的工况有开启、停止、关闭三种情况,分别由 SA4、SA5、SA6 控制,分别占用 PLC 三个输入点数;电动阀的工况有开启、停止、关闭三种情况,由 TA1、TA2、TA3 控制,占用 PLC 三个输入点数;1#水泵、2#水泵及真空泵的热继动作分别占用 PLC 一个输入点数;变频器故障报警占用 PLC 一个输入点数。郭壁供水自动化系统选用由山西艾森设备有限公司生产的 PLC 控制柜,PLC 控制柜外观及内部结构如图 2-4-9、图 2-4-10 所示。

表 2-4-1　CPU226 型 PLC 技术性能

常规特性	
1 ms 定时器	4 个
10 ms 定时器	16 个
100 ms 定时器	236 个
计数器总数	256
时间中断	2 个 1 ms 分辨率
I/O 特性	
数字量输入	24 输入
数字量输出	16 输出
数字 I/O 映像区	256(128 输入/128 输出)
模拟 I/O 映像区	64(32 输入/32 输出)
允许最大的扩展 I/O 模块	7 个模块
允许最大的智能模块	7 个模块
单项计数器	6,每个 30 kHz
两相计数器	4,每个 20 kHz
存储器特性	
在线程序编辑时	16 384 bytes
非在线程序编辑时	24 576 bytes
数据存储器	10 240 bytes

图 2-4-9　PLC 控制柜外观

图 2-4-10　PLC 控制柜内部结构

进入选择画面,选择对运行工况、实时数据及参数设置分别进行查看,选择画面如图 2-4-11 所示。

运行工况、实时数据及参数设置画面如图 2-4-12～图 2-4-14 所示。

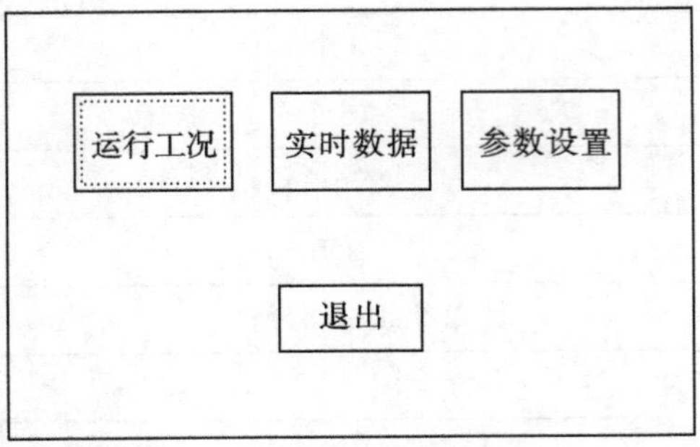

图 2-4-11　PLC 运行选择画面图

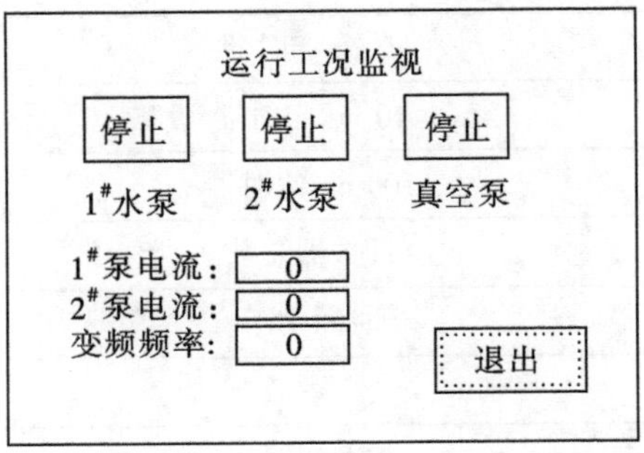

图 2-4-12　PLC 运行工况画面图

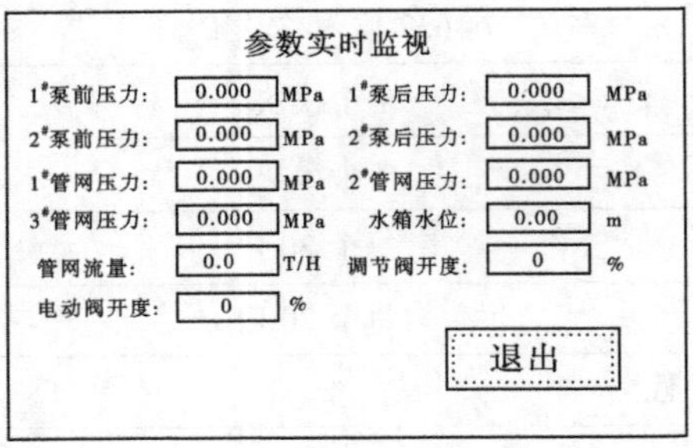

图 2-4-13　PLC 实时数据画面

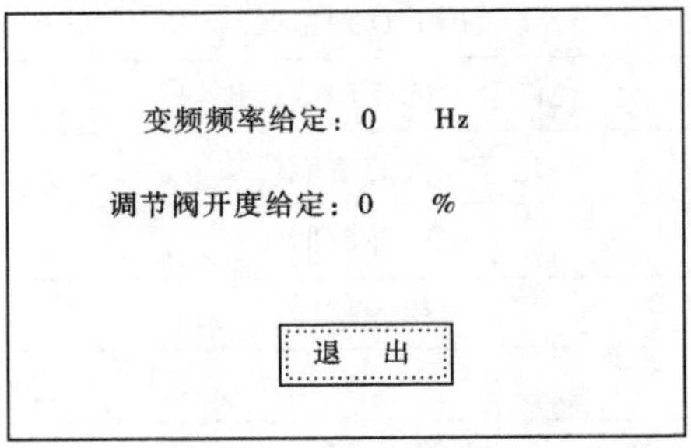

图 2-4-14　PLC 参数设置画面

4.3　现地级系统选择

现地级系统的作用主要是对监控现场的机组运行进行实时监视和控制，对监控对象的整个工作流程进行监控，主要包括测流设备、液位测量设备、测压设备、转速测量设备、电动蝶阀和电动调节阀的选择。

4.3.1　流量测量仪器选择

郭壁供水工程自动化系统选用 10W1H 型一体化电磁流量计，如图 2-4-15 所示。在被测管路的管轴线和磁场磁力线相互垂直的管壁上安装一对检测电极，当导电液体沿着被测管路管轴线运动时，导电液体做切割磁感线运动而产生感应电势，此感应电势由测量管上两个检测电极检出并传送至放大器。工作原理示意图如图 2-4-16 所示。主要参数值如表 2-4-2 所示。其数值大小为

$$E = K \times B \times v \times D \tag{2-4-1}$$

式中：E 为感应电动势；B 为磁感应强度；v 为被测管路管截面平均流速；D 为被测管路管径。

图 2-4-15　10W1H 一体化电磁流量计

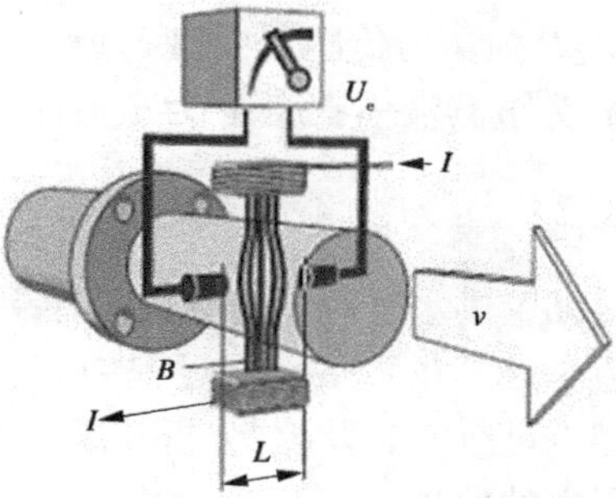

图 2-4-16　电磁流量计工作原理示意图

表 2-4-2　10W1H 型一体化电磁流量计主要参数值

测量范围		140~4 800 dm^3/min
电流输出范围		4~20 mA
分辨率		1.5 mA
工作温度	介质温度	±28 ℃
	环境温度	±23 ℃
最大测量误差	脉冲输出	±0.5%
	电流输出	±5 μA
最小电导率		50 μS/cm

4.3.2　液位测量仪器选择

郭壁供水工程自动化系统在选用液位测量仪器时，综合考虑经济性、耐久性、可靠性和精确度等因素，选用 DB101 型沉入式液位计，其实物图如图 2-4-17 所示。工作原理是均匀液体内部的点压强会随着距液面距离的加大而增大，两者呈正比例关系。在实际液位测定情况下，只需对池底液位压强进行测定，然后根据压强液位关系计算出液位高度，两者之间的关系如式(2-4-2)所示。主要参数值如表 2-4-3 所示。

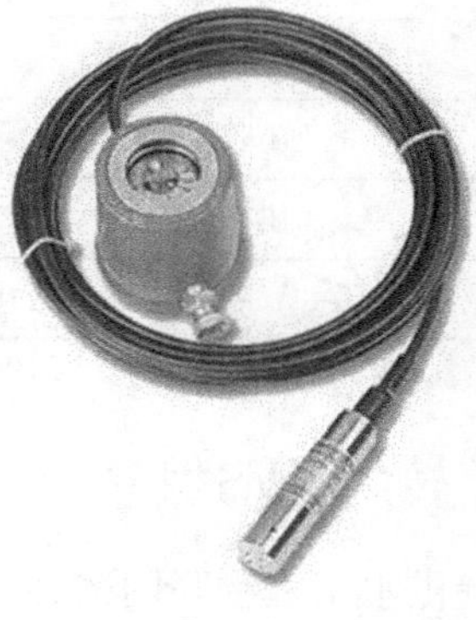

图 2-4-17　沉入式液位计实物图

表 2-4-3　DB101 沉入式液位计的主要参数值

测量范围	0~50 kPa
电流输出范围	4~20 mA
工作温度	−20~+65 ℃
供电电压	13~30 V DC
精度	±0.5%FS

$$P = P_0 + H\rho g \quad (2\text{-}4\text{-}2)$$

式中：P 为压力传感器(池底)所受压力；P_0 为大气压力；H 为压力传感器(池底)距液面高度；ρ 为被测液体密度；g 为重力加速度，取 9.81 m/s。

4.3.3　压力测量仪器选择

郭壁供水工程压力测点共有 9 处，其中两台水泵泵前泵后压力值共计 4 处，管道内压力值 5 处。在泵站运行过程中，需要对 9 处压力关键点进行实时监控，分析其压力值大小，避免水锤现象的发生。

图 2-4-18　PMC41-RE15M2C11M1 型压力变送器

结合郭壁供水工程实际情况，压力测量仪器选择 PMC41-RE15M2C11M1 型压力变送器，实物图如图 2-4-18 所示。由于供水泵站实验室在运行时，水泵进口处压力值为负值，当管道系统中发生水锤现象时，管道内压力变化幅度与水泵出口处压力变化幅度均较大，有时管道中会出现一定程度的负压现象，因此在进行压力变送器使用量程设定时，将压力变送器使用量程设定为-0.1~0.2 MPa、-0.1~1 MPa 和 0~0.5 MPa。PMC41-RE15M2C11M1 型压力变送器的主要参数值如表 2-4-4 所示。

表 2-4-4　PMC41-RE15M2C11M1 型压力变送器的主要参数值

测量范围	0.001~4 MPa
电流输出范围	4~20 mA
工作温度	-40~+85 ℃
供电电压	11.5~45V DC
精度	±0.2%

4.3.4　转速测量选择

郭壁供水工程物联网监控系统中关于转速的测量采用近似方法对试验过程中的转速进行测量，根据试验系统在工作状态下的运行频率间接反映电动机转速。

4.3.5　电动蝶阀选择

选用的电动蝶阀为 ASQ-100 型电动蝶阀，如图 2-4-19 所示，主要参数值如表 2-4-5 所示。

图 2-4-19　ASQ-100 型电动蝶阀压力变送器

表 2-4-5　ASQ-100 型电动蝶阀的主要参数值

工作行程	0~90°
电流输出范围	4~20 mA
额定工作扭矩	100 N/m
电机功率	80 W
环境温度	-20~70 ℃
供电电压	220 V AC
灵敏度	±(0.5~5)%FS

4.3.6　电动调节阀选择

电动调节阀为 ASL-208 型电动调节阀，如图 2-4-20 所示，主要参数值如表 2-4-6 所示。

图 2-4-20　ASL-208 型电动调节阀

表 2-4-6　ASQ-100 型电动蝶阀的主要参数值

最大工作行程	60 mm
电流输出范围	4~20 mA
额定工作推力	8 000 kN
电机功率	60 W
环境温度	-20~70 ℃
供电电压	220 V AC
灵敏度	±(0.5~5)%FS

第5章　郭壁供水工程自动化系统软件设计

5.1　供水泵站实验室物联网监控软件选择

组态语言是一款面向问题的控制开发系统软件。组态软件设计者仅需要根据所设计的物联网监控系统功能要求和实际控制要求,选择与设计工程相适应的软件模块并加以修改,就可以生成系统控制软件,且工作量大大减少。监控系统软件采用组态语言进行设计,可有效提高开发软件的可靠性、准确性,同时缩短开发周期,保证供水泵站物联网监控系统软件的开发设计高效进行。

5.1.1　系统监控软件介绍和选择

组态王 6.53 是由北京亚控科技发展有限公司研发设计,主要依托计算机自动化控制技术进行开发,面向低端自动化工业控制领域。软件可以实现实时多任务,运行稳定安全,可基于 Microsoft Windows 98/XP/7/8/10 等各大主流系统运行。组态王 6.53 仍然延续了先前版本的口碑良好的优点:运行稳定且使用方便,并采纳借鉴了国内众多用户切身使用后的反馈及建议,对一系列功能进行了改善、提升和扩充。该产品还把北京亚控科技发展有限公司自主研发的工业实时数据库 King Historian 融入其中,能够为广大用户提供一个切实有效的平台,从而对整个生产过程进行前期数据采集与后期分析管理,让工程管理层掌握实时信息,做出及时反应,制定应对策略以达到结果最优化。

5.1.2　软件实现功能

利用组态王对供水泵站物联网监控软件进行设计时,组态软件需要实现以下功能:

(1)具有友好且丰富的人机界面。组态王软件应该提供友好且丰富的人机界面,既有利于软件设计者进行设计,也有利于供水泵站实验室管理人员后续的实验操作、管理维护。

(2)建立历史数据库。通过自动化监控技术,力求做到“少人值守”或“无人值守”。利用组态王软件建立历史数据库,将运行历史数据以多种方式存储。

(3)报警。例如,当水泵发生热继动作时,组态软件系统可以及时从 PLC 中得到故障信号并生成报警提示,提醒管理人员对事故进行检修。组态软件应提供系统的报警时间检索、报警原因查询、报警报表生成等功能,更需要按照事故的紧急情况将报警程度分为特急、紧急和一般三个程度,以方便管理人员调取报警信息,迅速查找事故原因并排除事故隐患。

(4)实现报表生成。组态王软件在设计过程中要丰富报表生成功能,要包含数据电子表格也要涵盖运行日志,运行日志可以按照时间节点的不同分为日报、月报、周报、季度报和年报等形式。运行日志所生成的报表可以保存于历史数据库中,可供管理人员随时查询、修改和打印。

(5)具有较强的安全稳定运行特性。在供水泵站物联网监控系统的运行过程中,安全稳定运行是整个系统运行的关键所在,为保障安全运行,一般采用设置密令的方式对使用软件的不同人员加以管理,即根据使用软件人员的性质设置不同的用户名和用户密令,每一位使用软件人员尽可以通过自己的用户名和用户密令登录计算机运行操作软件,明确责任界限。

5.1.3　利用组态王进行软件设计的流程

利用组态王软件进行物联网监控软件设计的流程一般可以分为六步,具体流程内容如下所述。

5.1.3.1　新建组态王工程

首先要新建组态王工程,打开组态王 6.53,在工程管理器中点击"新建"按钮,在输入新建工程所在路径、新建工程名称和新建工程描述后完成新建组态工程,如图 2-5-1 所示。一个工程项目在计算机系统中为多个文件夹组合成的集合,所有关于该新建工程的文件均保存于所输入的新建工程路径中。

5.1.3.2　创建组态画面

创建组态画面示意图如图 2-5-2 所示。利用组态王系统图形库中众多的图形对静态画面或者动态动画进行创建,这些基础图形可以用传统绘画的形式在画面面板上进行操作,不仅有静态的图形元素,还有复杂的具有功能意义的图线,比如按钮、历史趋势曲线、实时趋势曲线、报警窗口、报表窗口等。在设计画面过程中,可以对画面窗口进行复制、剪切、移动、删除、改变形状参数等操作,也可以对图形元素的填充颜色、线条类型、外框颜色进行修改。简单易学,可操作性强。

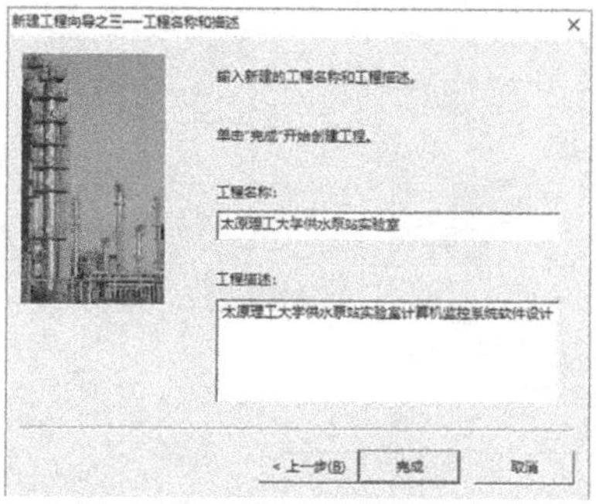

图 2-5-1　新建工程示意图

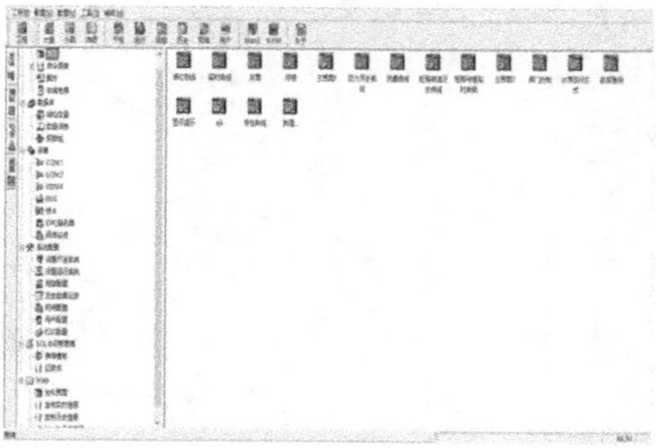

图 2-5-2　创建组态画面示意图

5.1.3.3　定义 I/O 设备

设计中,可以根据实际需求进行相应的参数设定,在设备配置向导界面(见图 2-5-3),点击"高级查找",在其中选择 I/O 设备的生产厂商、设备名称及通信方式,然后对设备的逻辑名称进行定义,组态王软件就可以实现对 I/O 设备自动匹配 I/O 驱动程序,搭建通信平台,完成 I/O 设备的定义。

5.1.3.4　定义数据库点

定义数据库点采用工程浏览器中数据库模块内的数据词典，对数据库进行定义，如图 2-5-4 所示。新建定义变量可以定义变量的基本属性、报警定义以及记录和安全区，在基本属性中需要输入变量名、变量类型、最大值、最小值、变化灵敏度、初始值、最大原始值、最小原始值等一系列参数；在报警定义中需要输入高报警限制、报警文本、大小偏差限制值等参数，以此类推，完成所有物理 I/O 设备的数据库点定义。

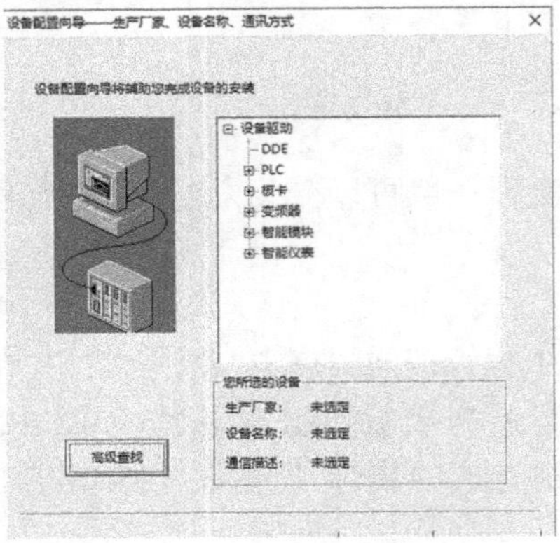

图 2-5-3　设备配置向导功能示意图

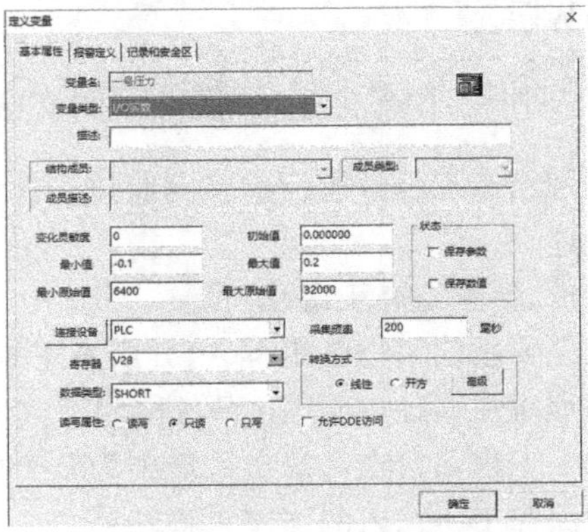

图 2-5-4　定义数据库点示意图

5.1.3.5　定义动画连接

创建的组态画面的动画连接可以对需要创建动画连接的图形元素单击鼠标右键，选择动画连接，如图 2-5-5 所示。创建完成的动画连接可以通过 I/O 驱动程序的实时数据库对变量数据进行调取，实现实时动态变化，组态王软件在创建动画连接中有 21 种连接方式，在设计过程中可以对同一图形元素赋予一种或多种连接方式，以达到动态直观显示的目的。

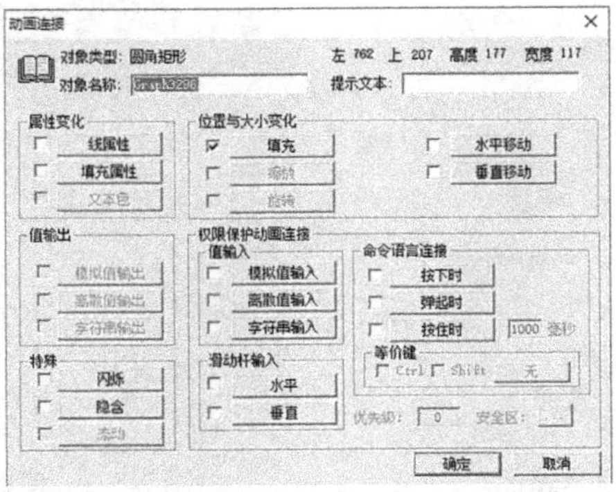

图 2-5-5　创建动画连接示意图

5.1.3.6　调试与试运行

经过上述步骤，已经利用组态王软件初步建立组态应用软件，最后需要对所涉及的软件进行调试和试运行，待试运行无误后可正式投入运行。

5.2　供水泵站物联网监控系统软件界面展示

5.2.1　开启画面

开启供水泵站实验室物联网监控软件系统，需要双击桌面上“运行系统”图标，如图 2-5-6 所示。

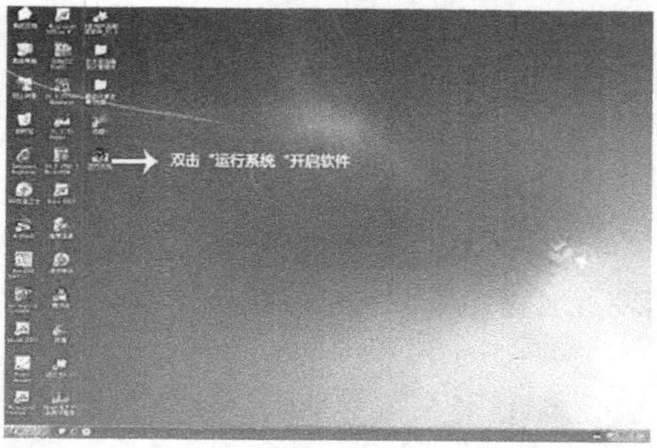

图 2-5-6　软件系统开启画面

5.2.2　登录画面

开启软件系统后，进入物联网监控软件系统的登录画面，在软件系统的登录画面中可以进行用户注册、用户登录、退出登录、进入系统和退出系统操作，用户注册和用户登录的目的在于对软件系统的使用人员进行权限界定，各使用人员首先通过用户注册环节选择用户类型并设置密令，然后可以同用户登录环节登录监控软件系统，这部分属于对监控软件的安全设计，它可以实时监测各使用人员对软件系统的操作动作，明确责任主体，同时设计有安全环节的软件系统可以对数据库资源、历史数据资料等内容起到有效的保护作用。用户登录界面如图 2-5-7 所示。

退出登录：用户点击“退出登录”按钮可以退出登录界面。

进入系统：用户点击“进入系统”按钮可以直接进入监控画面，但未经登录直接进入监控画面无法进行操作，仅可以简单查看监控内容。

退出系统：用户点击“退出系统”按钮可以退出监控软件系统。

5.2.3　主画面

在登录界面登录后，可以进入主画面，实时运行工况主画面如图 2-5-8 所示。显示的即为供水泵站设备结构布置图，在主画面中结构布置图中可以实时显示各设备的实时数据，比如流量值、压力值、阀门开启情况等。在主画面结构布置图周围可以显示和控制水泵、真空泵的启动、停止状态，选择水泵的运行方式（工频、变频）、变频频率给定；对 1# 液控阀门进行开阀、停和关阀控制，同时显示开阀速度设定值、关阀速度设定值、缓闭速度设定、开阀时间、快关时间和缓闭时间；对电动调节阀的开度值进行控制，控制调节范围为0～100%；对控制柜监控参数进行显示。

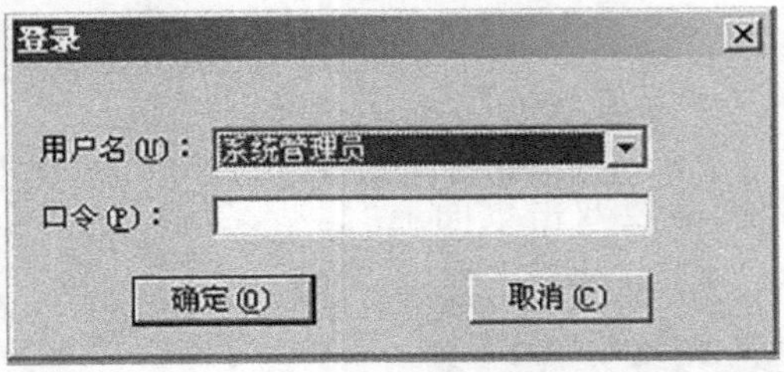

图 2-5-7　用户登录界面

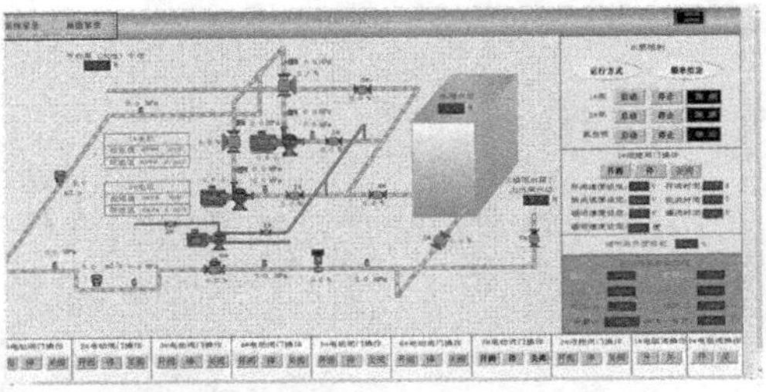

图 2-5-8　实时运行工况主画面示意图

5.2.4　实时曲线

在主画面中的画面菜单点击“实时曲线”，可以看到各主要参数的实时数据变化趋势，如图 2-5-9 所示，实时曲线画面包括泵前/泵后、流量实时变化曲线以及液位实时变化曲线。

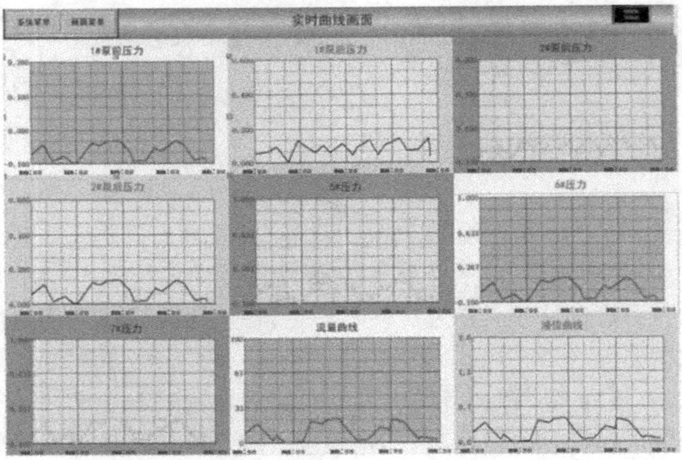

图 2-5-9　实时曲线

5.2.5　历史曲线

在主画面上，可以对各监测设备进行鼠标点击，如果需要对水箱内水位的历史变化情况进行查看，点击画面上的水箱形元素，便自动弹出液位历史曲线图，如图 2-5-10～图 2-5-13 所示。

5.2.6　特性曲线

在供水泵站运行中，需要对 Q—H、Q—N、Q—η 曲线进行绘制，从而求解水泵在运行过程中的工作点，利用组态王软件中的“超级 X—Y 曲线”工具可以实现对上述曲线的绘制。点击主界面系统菜单中的“特性曲线”可以进入特性曲线功能。在该功能模块下，横坐标为流量 Q，纵坐标分别为扬程 H、功率 N、效率 η、转速 n 和扭矩 N，当水泵处于正常运

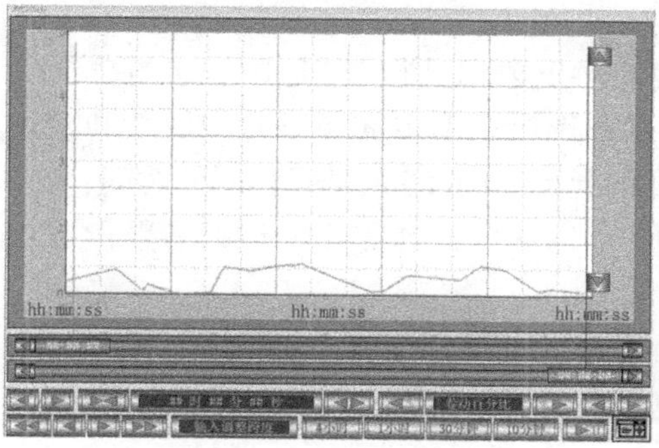

图 2-5-10　**液位历史曲线**

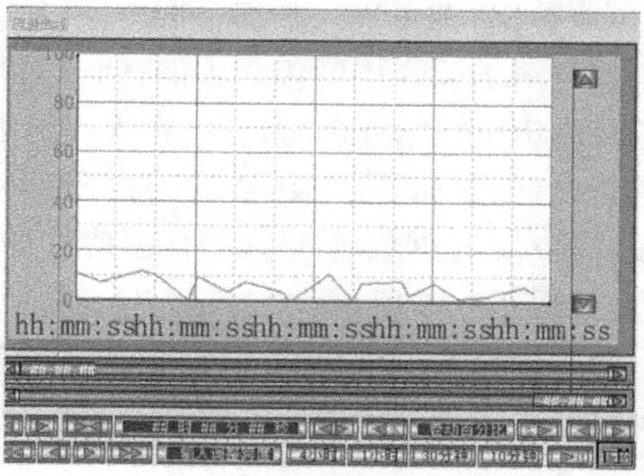

图 2-5-11　**流量历史曲线**

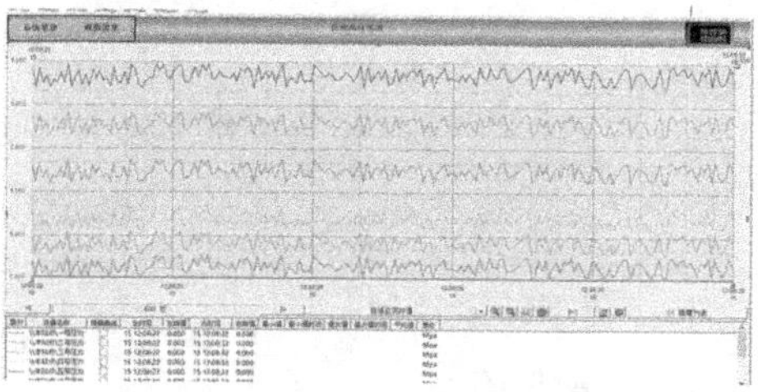

图 2-5-12　**压力历史曲线**

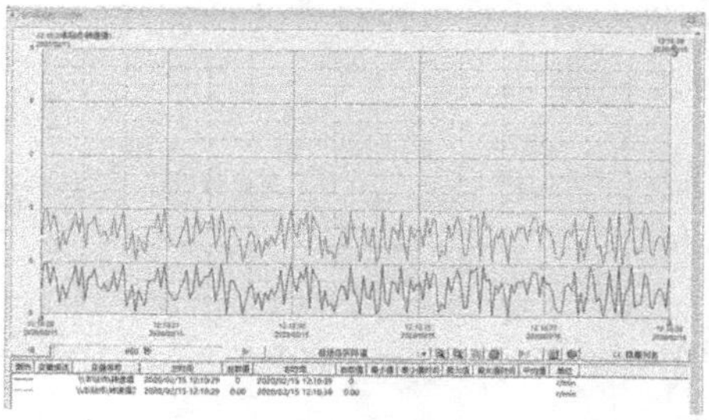

图 2-5-13　**扭矩转速历史曲线**

行工况时，可以点击下方“开始”按钮，鼠标的运行将采集到的上述参数的数据值实时地按照横纵坐标的定义进行绘制，点击“停止”按钮，即可停止曲线的绘制，点击“复位”按钮，即清空坐标轴中的图线，点击“更新”按钮，可以实现对图线绘制的数据更新，点击“关闭”按钮，可以退出特性曲线画面，回到主画面。特性曲线画面是在同一个坐标系内，以不同颜色的曲线绘制不同参数的实时关系曲线，图线绘制的速度与数据点采集计算的时间有关，可通过下方“设置时间”模块对数据绘制采集时间进行设置。供水泵站实验室物联网监控软件系统的特性曲线如图 2-5-14 所示。

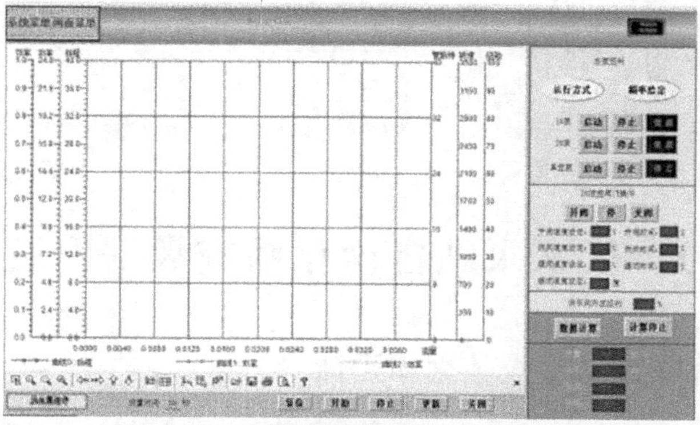

图 2-5-14　**供水泵站实验室物联网监控软件系统的特性曲线**

5.2.7　数据查询及打印

数据查询的功能是实现对试验数据的查询、导出、打印，在主画面中的系统菜单内选择"历史数据"即可进入数据查询界面,如图 2-5-15 所示。

点击图 2-5-15 中的报表查询,即可对报表的历史数据进行查询,弹出如图 2-5-16 所示的报表历史数据查询对话框,在报表历史数据查询对话框中需要对时间属性和变量属性进行设置。时间属性中主要是选择查询数据的起始时间、终止时间和间隔时间;变量属性设置是对报表所需要呈现的数据值进行设置,可以从中选择需要呈现的参数量以生成报表,如图 2-5-17 所示。

对查询报表生成之后可以选择"导出"按钮,实现报表数据的导出,导出 Excel 文档,也可以在生成报表界面单击"打印"按钮,实现报表数据的打印。

5.2.8 报警

报警窗口是当物联网监控系统中出现故障时,会在监控软件界面进行报警提示,如图 2-5-18 所示。

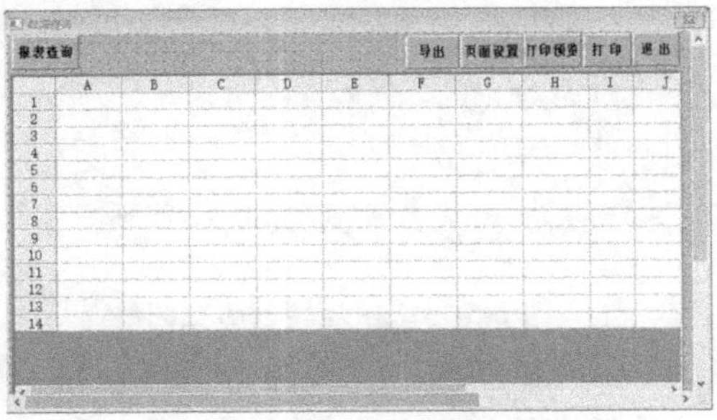

图 2-5-15　数据查询

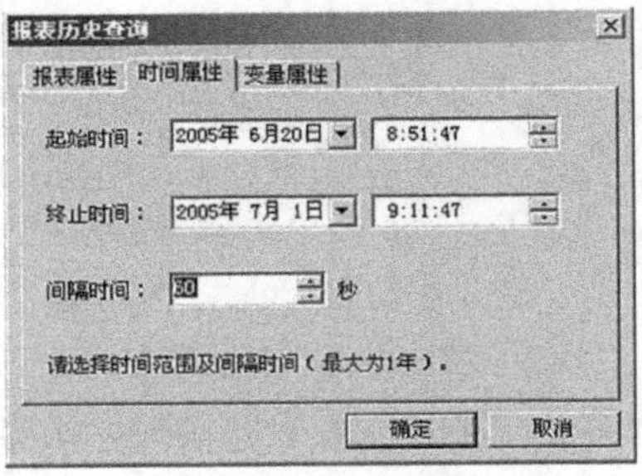

图 2-5-16　历史报表查询对话框

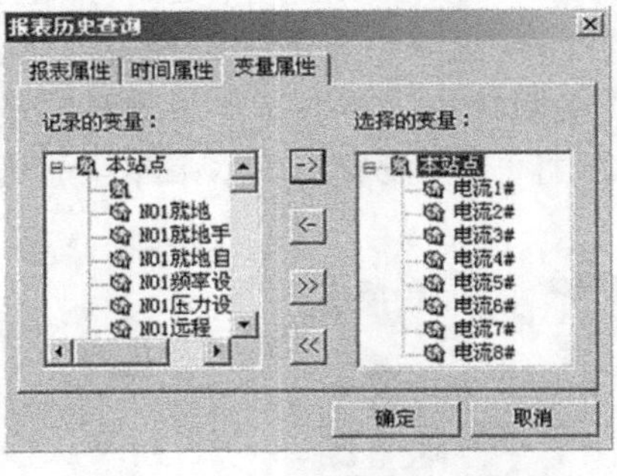

图 2-5-17　报表历史查询变量属性

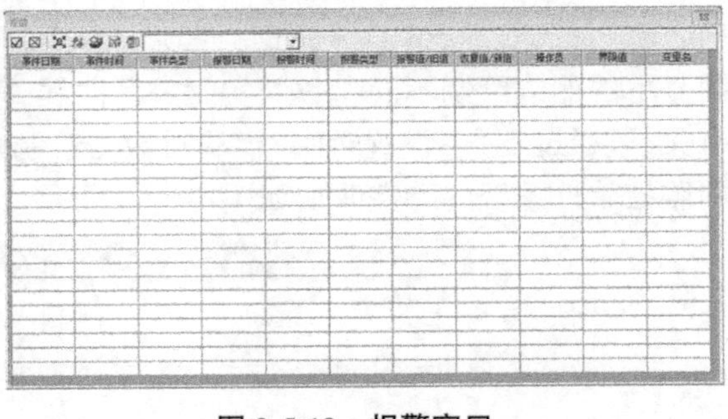

图 2-5-18　报警窗口

5.3　供水泵站自动化系统数据库设计

5.3.1　供水泵站自动化系统数据库设计

依托计算机软件的运行,会产生大量的数据,紧紧依靠组态王软件对数据进行存储,可靠度相对较低,因此考虑对供水泵站实验室需要建立综合数据库进行数据的存储,选用专业的数据库软件与组态王 6.53 相连接,完成数据的传输和存储功能。供水泵站实验室数据库中的数据主要分为静态数据和动态数据。综合数据库的结构设计如图 2-5-19 所示。

5.3.2　数据库的选择和连接

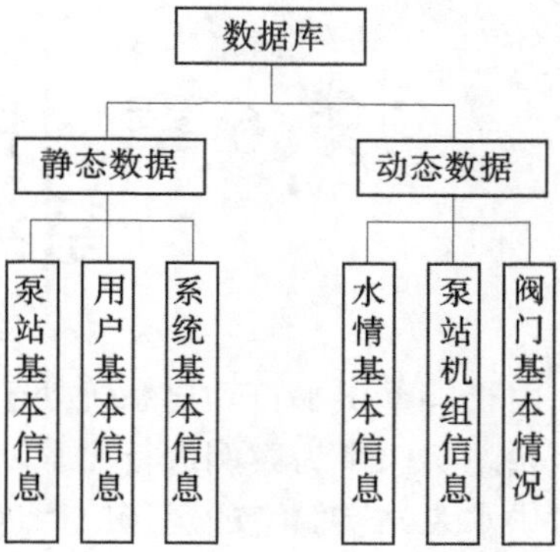

图 2-5-19　综合数据库结构设计图

根据供水泵站软件设计特点和实际需求，考虑数据库软件的性价比和稳定性，本系统选用 SQL Server 2008 作为所使用的数据库。SQL Server 在运行过程中有优良的安全保障性，同时使用 SQL Server 具有很强的数据查询能力，可以及时从数据库中调动所需数据进行数据分析。首先，需要在 SQL Server 数据库的企业管理器中建立相对应的数据库和表项，然后进行 ODBC 连接配置，一般情况下，ODBC 的连接配置在电脑控制面板中的 ODBC 数据源管理器中进行，ODBC 连接配置如图 2-5-20 所示。

在 ODBC 数据源管理器中，点击“添加”按钮，在对话框中选择 SQL Server 驱动程序，然后根据实际选择本地工控机为服务器，选择默认数据库、数据表和数据库登录方式等内容，就完成了以“组态王”为名称的 ODBC 连接。建立好 ODBC 连接之后，进入组态王软件开发系统界面，在数据词典模块建立内存变量，使之与 SQL Server 中的内存变量保持一致，接下来在组态王软件开发系统界面新建记录体，将数据词典中的工程变量与数据实现一一对应，记录体的创建要保证每一需要同步至 SQL Server 数据库中的内容均被创建。记录体的创建如图 2-5-21 所示。在完成每一记录体创建之后，需要在组态王软件应用程序中输入可被 SQL Server 数据库所识别的 SQL 语言，以保证物联网监控软件在运行过程中可以与 SQL Server 数据库保持高效持久的连接。按照上述操作，就基本完成了物联网监控软件系统与 SQL Server 数据库的实时连接，可以保证供水泵站工作在运行时，计算机软件系统与 SQL Server 数据库数据的实时沟通，提高数据存储安全性，便于数据的分析处理。

图 2-5-20　ODBC 连接配置

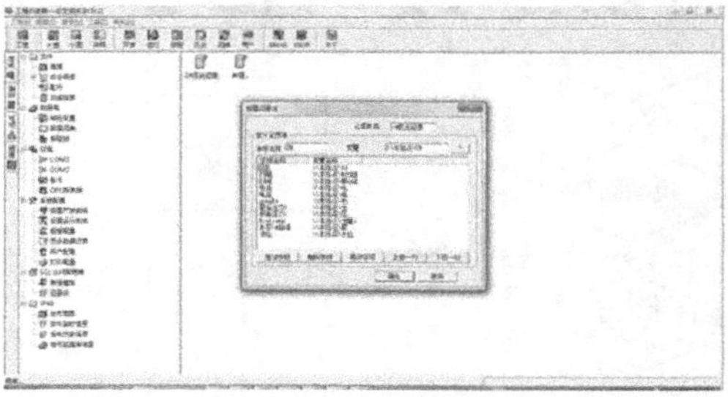

图 2-5-21　创建记录体

第 6 章　供水泵站物联网监控系统的运行实践

由于郭壁供水自动化系统处于前期阶段,供水泵站物联网监控系统以太原理工大学供水泵站实验室为案例进行需求功能分析,采用试验设计和计算机仿真模拟相对比的方式对供水泵站实验室的运行应用进行检验,不断根据实际运行中的短板和劣势调整其运行方案。

6.1　操作流程

6.1.1　系统开机运行

系统开机运行是对物联网监控系统运行的基础,正常开机运行示意图如图 2-6-1 所示。

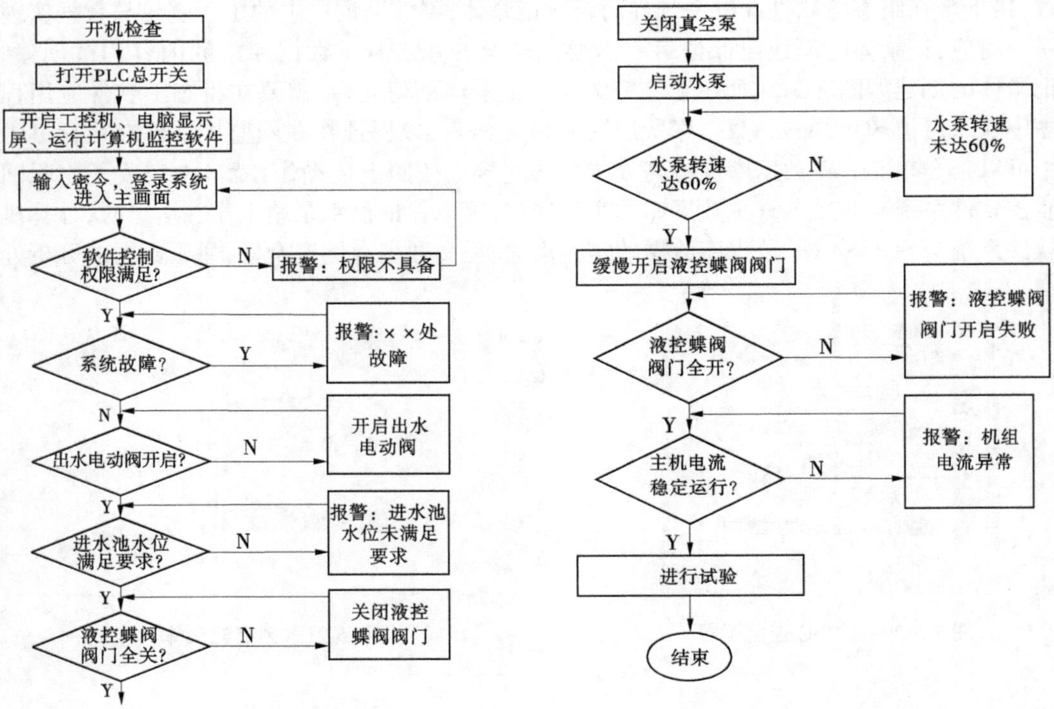

图 2-6-1　系统正常开机运行示意图

开机运行流程如下:

(1)熟悉供水泵站试验系统,了解水泵、电机、各仪表仪器的基本布设情况和作用,记录水泵和电机铭牌上有关参数。

(2)开机检查:开机检查主要是针对在系统开启之前,对供水泵站实验室各主要设备和仪器进行开机前检查,做好开机准备。

(3)开启PLC总开关:PLC总电源在PLC控制柜内左上角的位置。

(4)开启工控机开关,打开电脑显示屏,双击桌面上“运行系统”图标,进入物联网监控软件。

(5)登录:选择用户类型并输入密令,登录物联网监控软件系统,进入主画面。

(6)软件控制权限判断:物联网监控软件系统会对登录用户的类型进行软件控制权限的判断,如果所登录用户类型满足软件控制权限,则进行下一步;如果不满足,则报警“权限不具备”并退回至登录界面。

(7)系统故障判断:登录软件后,物联网监控软件系统会对供水泵站实验室系统进行故障判断,常见判断内容有通信是否连接、设备有无故障等,若经过系统故障判断后,无故障,进入下一步,存在故障则报警“××处故障”并进入检修状态。

(8)出水电动阀开启判断:排除系统故障后,会对出水电动阀开启状况进行判断,出水电动阀也称为出水检修阀,其主要作用为当液控蝶阀发生故障不作用时,防止倒吸现象的发生。当出水电动阀阀门处于开启状态时,可进入下一步,若出水电动阀阀门处于关闭状态,应开启阀门。

(9)进水池水位判断:开启出水电动阀后,需要对进水池水位进行判断,主要判断进水池水位是否满足试验运行要求。若进水池水位满足要求,进入下一步判断,如果进水池水位未满足试验要求,则报警“进水池水位未满足要求”。

(10)液控蝶阀关闭状态判断:水泵启动之前,要求关阀启动。若此时液控蝶阀阀门处于关闭状态时,可进入下一步,若此时液控蝶阀阀门处于开启状态,则需要关闭液控蝶阀阀门。

(11)开启真空泵:利用物联网监控软件远程或者就地开启真空泵。

(12)真空泵压力判断:当泵前压力表读数达到-0.009 MPa时,可关闭真空泵。

(13)启动水泵:利用物联网监控软件远程或者就地开启水泵。

(14)开启液控蝶阀:当水泵转速达到60%时,可以缓慢开启水泵的液控蝶阀,供水泵站系统开始运行。

(15)液控蝶阀阀门全部开启判断:开启液控蝶阀后,为防止水锤现象的出现,采用两阶段开启液控蝶阀的方式,液控蝶阀的开启规律可采用计算数值模拟方式进行计算,待经过一段开启动作时间后,判断液控蝶阀阀门是否全部开启。若全部开启,进入下一流程,若未全部开启,则报警“液控蝶阀阀门开启失败”并进入检修阶段。

(16)主机电流运行判断:供水泵站系统正常运行后,需要对其主机电流是否稳定运行进行判断,若主机电流稳定运行,则进入下一步,如果主机电流未稳定运行,则报警“机组电流异常”并进入检修阶段。

(17)试验操作:待机组电流稳定运行后,可进行试验操作,可以改变电动机频率、液控阀开度、电磁阀开度,得到不同的流量、压力、水泵转速等参数,记录需要的试验数据。

(18)实时曲线和特性曲线查看:在进行试验的过程中,点击物联网监控软件系统中的实时曲线和特性曲线,进入曲线查看界面,记录曲线实时变化过程。

(19)试验结束,进入系统正常停机运行,若出现故障,进入系统事故紧急停机运行。

6.1.2　系统正常停机运行

系统正常停机运行的条件是水泵处于正常运行状态下,试验完毕后,需要关闭供水泵站系统,系统正常停机运行流程如图 2-6-2 所示。

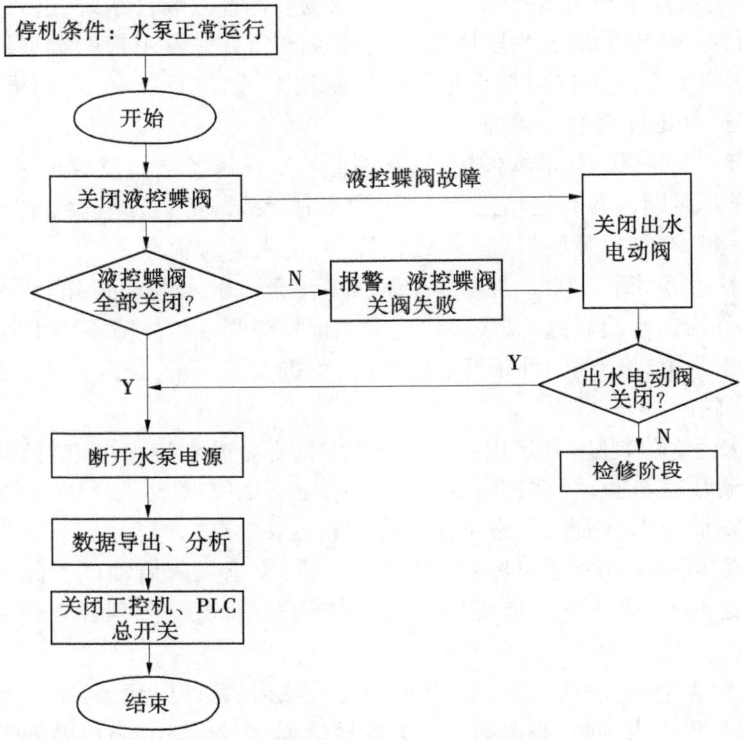

图 2-6-2　系统正常停机运行流程

停机运行流程如下:

(1)关闭液控蝶阀:试验结束后,系统正常停机步骤的第一步为关闭液控蝶阀,利用物联网监控软件远程或者就地关闭液控蝶阀;若液控蝶阀出现故障无法关闭,对出水电动阀进行关闭。

(2)液控蝶阀阀门全部关闭判断:采用两阶段关闭液控蝶阀阀门,经过一段关闭时间后,判断液控蝶阀阀门是否全部关闭。若液控蝶阀阀门处于全部关闭状态,则进入下一步;若液控蝶阀阀门经过一段时间后未全部关闭,则报警"液控蝶阀关闭失败",并对出水电动阀进行关闭。

(3)出水电动阀关闭判断:当液控蝶阀出现故障或者液控蝶阀关闭失败时,会对出水电动阀进行关闭,需要判断出水电动阀是否关闭,若关闭进入下一步,若未关闭则进入检修阶段。

(4)断开水泵电源:当液控蝶阀全部关闭或者出水电动阀关闭后,对水泵电源进行切断,结束供水泵站系统运行。

(5)数据导出、分析:关闭水泵机组后,将试验数据通过 Excel 或者 SQL Server 数据库导出数据,并进行分析。

(6)关闭工控机、PLC 总开关:试验结束后,关闭工控机和 PLC 设备,清理实验室。

(7)结束试验。

6.1.3　系统事故紧急停机运行

系统事故紧急停机运行的条件是供水泵站实验室中按下紧急停机按钮或者主机失电。系统事故紧急停机运行示流程如图 2-6-3 所示。

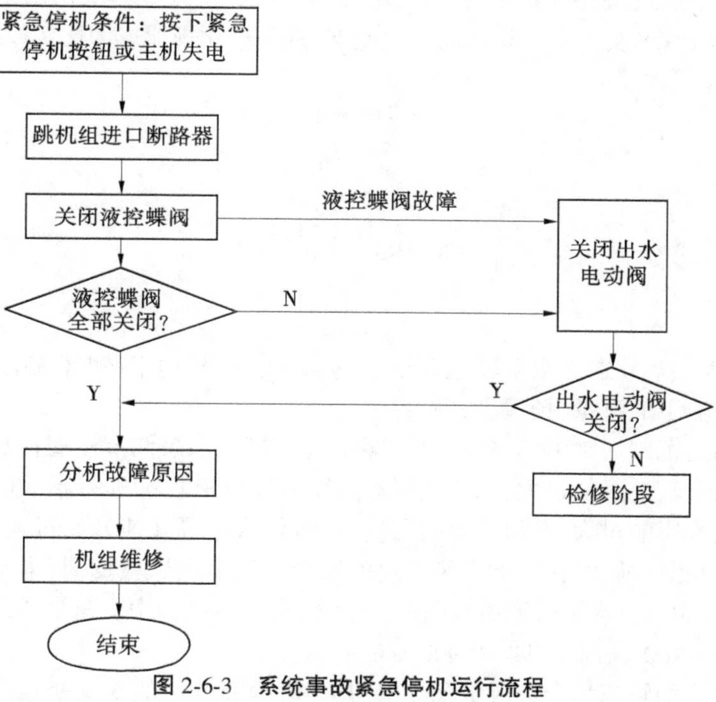

图 2-6-3　系统事故紧急停机运行流程

事故紧急停机运行流程如下:

(1)跳机组进口断路器:当系统发生事故紧急停机时,首先跳机组进口断路器,在第一时间内切断电源,防止事故的扩大和曼延。

(2)关闭液控蝶阀:一般采用手动关闭液控蝶阀阀门,若液控蝶阀阀门故障无法关闭,关闭出水电动阀,若液控蝶阀阀门可正常关闭,则进入下一步。

(3)液控蝶阀阀门全部关闭判断:若液控蝶阀阀门处于全部关闭状态,则进入下一步,若液控蝶阀阀门未全部关闭,直接对出水电动阀进行关闭。

(4)出水电动阀关闭判断:当液控蝶阀出现故障或者液控蝶阀关闭失败时,会直接对出水电动阀进行关闭,需要判断出水电动阀是否关闭,若关闭进入下一步,若未关闭则进入检修阶段。

(5)分析故障原因:在关闭液控蝶阀阀门或者出水电动阀阀门后,对事故紧急停机原因进行查找分析。

(6)机组检修:基于事故紧急停机的故障原因分析,对机组完成检修工作。

6.2 不同工况下单泵稳态运行对比分析

6.2.1 目的与方法

供水泵站实验室物联网监控系统,对单台水泵在工频和变频工况下的稳态运行进行分析,工频运行是水泵在额定转速下运行,即转速 $n=2\ 900$ r/min;变频运行是指水泵在改变转速的情况下运行,根据离心泵相似定律,随着水泵转速的变化,供水泵站工程中的流量 Q、扬程 H、功率 N 及效率 η 均随之发生改变,这一变化规律成为比例律,如式(2-6-1)~式(2-6-3)所示。

$$\frac{Q_1}{Q_2}=\frac{n_1}{n_2} \tag{2-6-1}$$

$$\frac{H_1}{H_2}=\left(\frac{n_1}{n_2}\right)^2 \tag{2-6-2}$$

$$\frac{N_1}{N_2}=\left(\frac{n_1}{n_2}\right)^3 \tag{2-6-3}$$

式中:Q_1、H_1、N_1、n_1 分别为水泵转速改变后的流量、扬程、功率、转速;Q_2、H_2、N_2、n_2 分别为水泵额定转速下的流量、扬程、功率、转速。

水泵的调速范围通常为 70%~110%,同时还应满足水泵调节模型在数学上有解析解的要求。若水泵转速降低过大,水泵实际等效率曲线与相似抛物线会产生较大的偏差,对水泵运行的效率影响过大,所得结果研究价值较低;若水泵转速升高过大,可能造成水泵效率下降,电机超负荷运行,影响水泵机组的安全。经多次试验发现,本系统中当转速比($n/n_{额}$)低于 0.86 时,水泵效率出现断崖式下降,因此本试验中变速泵的调节范围选择水泵转速的 86%~100%,即 2 494~2 900 r/min。

过高或过低的转速均会造成水泵效率的下降,探究合适的水泵变频范围可以优化供水泵站工程调度运行方案,保证供水泵站工程处于高效节能运行。对于供水泵站工程的调度运行而言,分析和考核节能效果和能耗对比一般按照单方水耗电量为基本经济指标,按照水泵在正常运行过程中的能量关系,推导得到水泵正常运行过程中的单方水耗电量 F 的计算公式,如式(2-6-4)所示。

$$F=\frac{P_{机组}}{3\ 600Q}=\frac{9.81QH}{3\ 600Q\eta_{泵}\eta_{电机}\eta_{变频器}}=\frac{2.722\ 2\times10^{-3}H}{\eta_{泵}\eta_{电机}\eta_{变频器}} \tag{2-6-4}$$

式中:F 为单方水耗电量;H 为扬程,m;$\eta_{泵}$ 为水泵效率;$\eta_{电机}$ 为电机效率,本系统电机效率稳定为 96.5%;$\eta_{变频器}$ 为变频器效率,本系统变频器效率稳定为 95%。

本系统拟定对转速比为 1、0.98、0.96、0.94、0.92、0.9、0.88 和 0.86 时的水泵稳态运行进行分析,记录在不同运行工程下,水泵流量 Q、扬程 H 及效率 η 的变化情况,并在此基础上计算单方水耗电量 F,采用单方水耗电量指标在不同转速比情况下,水泵稳态运行的节能效果进行评价。为更直观体现转速比与能耗变化之间的关系，在计算得到单方水耗电量 F 值后，提出节能比 K 的计算公式，如式(2-6-5)所示。

$$K = \frac{F - F_{工}}{F_{工}} \tag{2-6-5}$$

式中：F 为变频运行时单方水耗电量；$F_{工}$ 为工频运行时单方水耗电量。

在式(2-6-5)中，变频运行和工频运行时单方水耗电量的差值即为节约的电量，变频运行时单方水耗电量值低于工频运行时单方水耗电量值，节约的电量为正，节能比 K 值为正；变频运行时单方水耗电量值高于工频运行时单方水耗电量值，节约的电量为负，节能比 K 值为负。节约的电量与节能比 K 值呈正比关系，因此节能比 K 值越大，说明变频运行的节能效果越佳。

6.2.2　系统数据

不同工况下单泵稳态运行数据如表 2-6-1 所示。

表 2-6-1　不同工况下单泵稳态运行数据

转速比	转速 n (r/min)	流量 Q (m^3/s)	扬程 H (m)	水泵效率 η	单方水耗电量 (度/m^3)	ΔF (度/m^3)	节能比
1	2 900	0.026 5	25.44	75.15%	0.100 5	—	—
0.98	2 842	0.025 6	25.09	74.23%	0.100 4	0.000 1	0.001 325
0.96	2 784	0.025 1	24.68	74.49%	0.098 4	0.002 1	0.021 069
0.94	2 726	0.024 7	24.12	74.66%	0.095 9	0.004 6	0.045 454
0.92	2 668	0.024 3	23.81	72.52%	0.097 5	0.003 0	0.029 92
0.9	2 610	0.023 7	23.55	69.98%	0.099 9	0.000 6	0.005 693
0.88	2 552	0.020 3	22.16	63.41%	0.103 8	-0.003 3	-0.032 55
0.86	2 494	0.018 1	21.47	51.34%	0.124 2	-0.023 7	-0.235 55

6.2.3　数据分析

根据表 2-6-1 的试验结果，计算在不同转速比的情况下，单方水耗电量、节约电量和节能比，并绘制转速比与单方水耗电量关系图、转速比与节能比关系图，如图 2-6-4、图 2-6-5 所示。

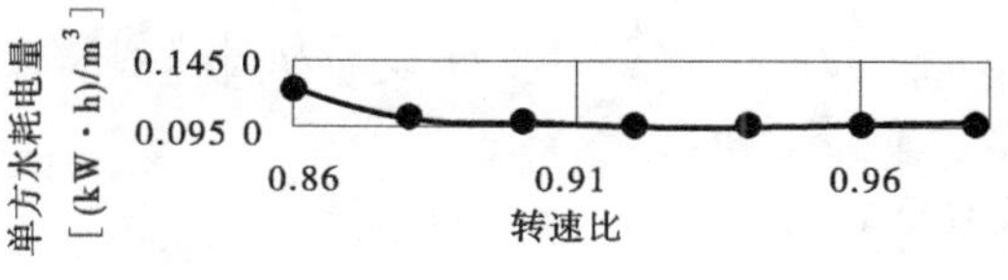

图 2-6-4　转速比与单方水耗电量关系图

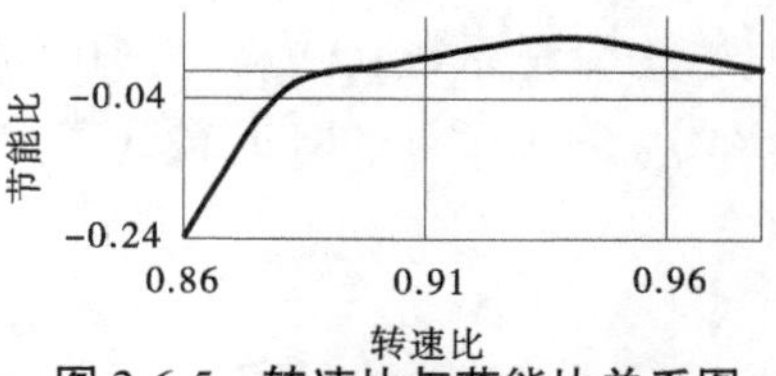

图 2-6-5　转速比与节能比关系图

由表 2-6-1、图 2-6-3 和图 2-6-4 可知，当变频水泵转速比在 0.98~0.9 时，节能比均为正值，意味着单方水耗电量值低于水泵工频运行时的单方水耗电量值，可以起到节能的效果，其中转速比为 0.94 时，水泵效率最高，单方水耗电量值最少，节约电量值最大，节能比最高;当变频水泵转速比在 0.9~0.86 时,节能比为负值,意味着单方水耗电量值高于水泵工频运行时的单方水耗电量值,没有起到节能的效果。同时,当转速比小于 0.9 时,水泵的效率下降速度变快,节能效果变差。

综上所述,就单泵变频运行试验而言,随着转速比的减小,水泵的流量、扬程随之减小,变频泵的效率出现先上升后下降的趋势,上升幅度较小,在转速比为 0.94 时达到最值。当转速比≥0.9 时,变频泵的单方耗水量呈减小趋势,节能比大于 0,可以达到节能的效果;其中当转速比为 0.94 时,变频泵的单方耗水量出现最低值,节能比出现最大值;当 0.9>转速比≥0.86 时,变频泵的单方耗水量呈增长趋势,节能比小于 0,未达到节能效果;当转速比<0.86 时,水泵的效率出现断崖式下降,节能效果显著变差。在实际工程中,若采用变频运行,推荐转速比在≥0.9 的范围内运行,优选运行转速比为 0.94,这样可以保证水泵可以处于高效区运行。

6.3 电动调节阀流量特性与阻力特性曲线应用

6.3.1 目的与方法

在实际的供水泵站工程中,阀门可以起到局部阻力的作用,现对供水泵站实验室电动调节阀的流量特性和阻力特性进行分析,实验室选用的电动调节阀为宁波凡尔自动化科技有限公司生产的 ASL-208 型电动调节阀,由于该电动调节阀在选购时厂家未提供该电动调节阀的流量特性曲线与阻力特性曲线,因此利用供水泵站实验室对电动调节阀的流量特性和阻力特性进行研究,以此确定电动调节阀在阀门调节过程中流量变化规律和阻力变化规律。选择在单泵变频运行工况下进行,设计转速比分别为 1、0.98、0.96、0.94、0.92 和 0.9 六组对比试验。每组试验中,待水泵运行稳定后,按照每次关闭 5°的方式对电动调节阀阀门进行调节,每次调节后运行 2 min 使机组电流稳定,然后记录流经电动调节阀阀门的流量值、阀门前后压力值,计算流量系数 k_v、流阻系数 ξ,并绘制流量特性曲线与阻力特性曲线。流量系数 k_v 和流阻系数 ξ 的计算公式参考 GB/T 30832—2014 阀门流量系数和流阻系数试验方法,如式(2-6-6)和式(2-6-7)所示。

$$k_v = 10Q\sqrt{\frac{\rho}{\Delta P \times \rho_0}} \tag{2-6-6}$$

式中:k_v 为流量系数;Q 为流经阀门流量,m/h;ρ 为水的密度,kg/m;ΔP 为阀门前后压力差,kPa;ρ_0 为 15 ℃时水的密度(常温下,$\rho/\rho_0=1$),kg/m。

$$\xi = \frac{2\ 000\Delta P}{\rho v^2} \tag{2-6-7}$$

式中:v 为流速,m/s,$v=\frac{4Q}{\pi D^2}$。

6.3.2 试验数据

试验结果和计算结果见表 2-6-2~表 2-6-7。

表 2-6-2　电动调节阀在转速比为 1 时流量系数和阻力系数的计算值

转速比	转速 n	阀门开度（%）	压力 P(kPa)		压力差（kPa）	流量 Q（m^3/h）	流速 v（m/s）	流量系数 k_v	流阻系数 ξ
			阀前	阀后					
1	2 900	95	165.2	42.3	122.9	95.29	3.37	85.96	21.62
		90	172.0	41.5	130.5	90.74	3.21	79.43	25.32
		85	189.2	40.4	148.8	85.13	3.01	69.79	32.80
		80	204.2	39.1	165.1	80.49	2.85	62.64	40.70
		75	223.5	38.2	185.3	78.30	2.77	57.52	48.28
		70	231.8	37.6	194.2	75.25	2.66	54.00	54.78
		65	243.3	36.4	206.9	72.67	2.57	50.52	62.58
		60	252.9	35.5	217.4	68.66	2.43	46.57	73.66
		55	259.7	34.7	225.0	63.94	2.26	42.63	87.90
		50	269.9	33.6	236.3	60.42	2.14	39.31	103.39
		45	280.1	32.5	247.6	56.11	1.99	35.66	125.62
		40	288.3	31.4	256.9	49.95	1.77	31.16	164.46
		35	295.4	30.8	264.6	45.21	1.60	27.79	206.77
		30	303.5	29.9	273.6	39.47	1.40	23.86	280.52
		25	311.6	28.8	282.8	34.20	1.21	20.34	386.19
		20	319.6	27.9	291.7	28.13	1.00	16.47	588.80
		15	321.4	27.1	294.3	21.39	0.76	12.47	1 027.41
		10	324.5	26.5	298.0	13.64	0.48	7.90	2 558.36
		5	327.8	26.1	301.7	7.87	0.28	4.53	7 780.37

表 2-6-3　电动调节阀在转速比为 0.98 时流量系数和阻力系数的计算值

转速比	转速 n	阀门开度 (%)	压力 P(kPa)		压力差 (kPa)	流量 Q (m^3/h)	流速 v (m/s)	流量系数 k_v	流阻系数 ξ
			阀前	阀后					
0.98	2 842	95	155.4	41.4	114.0	92.00	3.26	86.17	21.51
		90	164.5	40.6	123.9	88.80	3.14	79.78	25.10
		85	185.8	39.5	146.3	83.44	2.95	68.98	33.56
		80	197.3	38.1	159.2	79.07	2.80	62.67	40.67
		75	214.6	37.3	177.3	76.29	2.70	57.29	48.66
		70	224.7	36.8	187.9	73.57	2.60	53.67	55.45
		65	234.4	35.4	199.0	70.42	2.49	49.92	64.10
		60	244.6	34.1	210.5	66.24	2.34	45.66	76.63
		55	251.2	33.4	217.8	62.27	2.20	42.19	89.72
		50	261.0	32.6	228.4	59.13	2.09	39.13	104.34
		45	270.6	31.5	239.1	53.97	1.91	34.90	131.11
		40	280.0	30.2	249.8	47.67	1.69	30.16	175.58
		35	287.8	29.7	258.1	43.20	1.53	26.89	220.90
		30	293.2	28.9	264.3	37.79	1.34	23.24	295.61
		25	301.1	27.6	273.5	32.96	1.17	19.93	402.12
		20	303.4	26.8	276.6	26.18	0.93	15.74	644.60
		15	306.1	26.1	280.0	20.08	0.71	12.00	1 109.19
		10	313.9	25.3	288.6	12.51	0.44	7.36	2 945.48
		5	317.8	24.9	292.9	7.09	0.25	4.14	9 306.82

表 2-6-4　电动调节阀在转速比为 0.96 时流量系数和阻力系数的计算值

转速比	转速 n	阀门开度（%）	压力 P(kPa) 阀前	压力 P(kPa) 阀后	压力差（kPa）	流量 Q（m^3/h）	流速 v（m/s）	流量系数 k_v	流阻系数 ξ
0.96	2 784	95	149.7	39.9	109.8	90.36	3.20	86.23	21.48
		90	158.5	39.1	119.4	87.05	3.08	79.66	25.17
		85	183.6	38.5	145.1	82.30	2.91	68.32	34.22
		80	194.2	37.2	157.0	78.12	2.76	62.35	41.09
		75	207.7	36.2	171.5	75.41	2.67	57.58	48.17
		70	215.7	35.7	180.0	72.64	2.57	54.14	54.49
		65	223.9	34.3	189.6	69.23	2.45	50.28	63.19
		60	231.8	33.0	198.8	65.12	2.30	46.19	74.88
		55	242.5	32.3	210.2	61.05	2.16	42.11	90.08
		50	248.5	31.5	217.0	57.43	2.03	38.99	105.09
		45	256.6	30.4	226.2	52.76	1.87	35.08	129.79
		40	266.4	29.1	237.3	46.33	1.64	30.08	176.58
		35	273.4	28.6	244.8	42.01	1.49	26.85	221.55
		30	280.5	27.4	253.1	36.59	1.29	23.00	301.95
		25	285.7	26.1	259.6	31.47	1.11	19.53	418.68
		20	292.0	25.0	267.0	24.48	0.87	14.98	711.64
		15	294.9	24.2	270.7	18.45	0.65	11.21	1 270.19
		10	298.6	23.8	274.8	11.66	0.41	7.03	3 228.45
		5	302.8	22.6	280.2	6.48	0.23	3.87	10 658.41

表 2-6-5　电动调节阀在转速比为 0.94 时流量系数和阻力系数的计算值

转速比	转速 n	阀门开度 (%)	压力 P(kPa)		压力差 (kPa)	流量 Q (m^3/h)	流速 v (m/s)	流量系数 k_v	流阻系数 ξ
			阀前	阀后					
0.94	2 726	95	145.3	38.7	106.6	88.88	3.15	86.08	21.55
		90	154.2	37.9	116.3	85.19	3.01	78.99	25.60
		85	180.1	37.3	142.8	80.18	2.84	67.10	35.48
		80	189.7	36.0	153.7	76.63	2.71	61.81	41.81
		75	203.2	35.0	168.2	73.67	2.61	56.80	49.50
		70	211.3	34.5	176.8	71.04	2.51	53.43	55.96
		65	220.7	33.1	187.6	67.11	2.37	49.00	66.53
		60	227.1	31.8	195.3	63.79	2.26	45.65	76.66
		55	234.0	31.1	202.9	58.99	2.09	41.41	93.13
		50	244.4	30.3	214.1	55.16	1.95	37.70	112.39
		45	252.1	29.2	222.9	50.81	1.80	34.03	137.91
		40	260.8	27.9	232.9	45.17	1.60	29.60	182.32
		35	267.3	27.4	239.9	41.12	1.46	26.55	226.62
		30	273.9	26.2	247.7	35.31	1.25	22.44	317.33
		25	276.9	24.9	252.0	30.20	1.07	19.02	441.33
		20	280.4	23.8	256.6	23.33	0.83	14.56	753.01
		15	286.2	23.0	263.2	17.24	0.61	10.63	1 414.44
		10	287.8	22.6	265.2	10.73	0.38	6.59	3 679.16
		5	292.6	21.4	271.2	5.44	0.19	3.30	14 637.48

表 2-6-6　电动调节阀在转速比为 0.92 时流量系数和阻力系数的计算值

转速比	转速 n	阀门开度（%）	压力 P(kPa)		压力差（kPa）	流量 Q（m^3/h）	流速 v（m/s）	流量系数 k_v	流阻系数 ξ
			阀前	阀后					
0.92	2 668	95	142.3	37.5	104.8	87.39	3.09	85.37	21.92
		90	151.2	36.8	114.4	84.16	2.98	78.69	25.80
		85	175.9	36.0	139.9	78.99	2.80	66.78	35.81
		80	186.6	34.8	151.8	75.49	2.67	61.27	42.55
		75	197.9	33.8	163.1	72.17	2.55	56.51	50.02
		70	202.2	33.3	168.4	69.13	2.45	53.27	56.28
		65	210.0	31.8	176.7	66.09	2.34	49.72	64.62
		60	218.8	30.4	187.0	62.48	2.21	45.69	76.51
		55	227.8	29.7	197.4	57.03	2.02	40.59	96.94
		50	233.4	29.0	203.7	53.86	1.91	37.74	112.16
		45	242.2	28.2	213.2	49.41	1.75	33.84	139.49
		40	251.3	26.7	223.1	44.22	1.56	29.61	182.24
		35	255.7	26.2	229.0	39.97	1.41	26.41	228.95
		30	263.0	25.1	236.8	33.35	1.18	21.67	340.07
		25	267.6	23.6	242.5	28.06	0.99	18.02	491.94
		20	270.3	22.4	246.7	21.93	0.78	13.96	819.34
		15	276.4	21.7	254.0	15.97	0.57	10.02	1 590.74
		10	279.6	21.2	257.9	9.28	0.33	5.78	4 783.32
		5	283.9	20.1	262.7	4.95	0.18	3.05	17 124.74

表 2-6-7　电动调节阀在转速比为 0.9 时流量系数和阻力系数的计算值

转速比	转速 n	阀门开度 (%)	压力 P(kPa)		压力差 (kPa)	流量 Q (m^3/h)	流速 v (m/s)	流量系数 k_v	流阻系数 ξ
			阀前	阀后					
0.9	2 610	95	137.9	36.4	101.5	85.41	3.02	84.78	22.22
		90	147.0	35.5	111.5	83.02	2.94	78.62	25.84
		85	172.6	34.7	137.9	77.13	2.73	65.68	37.02
		80	181.6	33.4	148.2	73.48	2.60	60.36	43.84
		75	187.1	32.7	154.4	70.63	2.50	56.84	49.44
		70	191.7	32.2	159.5	67.81	2.40	53.69	55.40
		65	197.0	30.6	166.4	64.74	2.29	50.19	63.41
		60	205.7	29.2	176.5	61.45	2.17	46.25	74.66
		55	217.5	28.5	189.0	55.54	1.97	40.40	97.86
		50	225.0	27.7	197.3	51.4	1.82	36.59	119.28
		45	233.5	27.1	206.4	47.24	1.67	32.88	147.73
		40	239.4	25.4	214.0	42.38	1.50	28.97	190.31
		35	245.8	24.9	220.9	38.19	1.35	25.70	241.92
		30	251.3	23.8	227.5	31.51	1.12	20.89	365.98
		25	257.2	22.5	234.7	26.99	0.96	17.62	514.61
		20	260.6	21.2	239.4	19.96	0.71	12.90	959.79
		15	263.3	20.5	242.8	14.65	0.52	9.40	1 806.96
		10	264.7	20.1	244.6	7.87	0.28	5.03	6 307.85
		5	270.3	18.9	251.4	4.45	0.16	2.81	20 277.74

6.3.3　数据分析

根据表 2-6-2～表 2-6-7 中的结果，绘制电动调节阀在不同转速比的情况下流量特性曲线和阻力特性曲线，如图 2-6-6、图 2-6-7 所示。

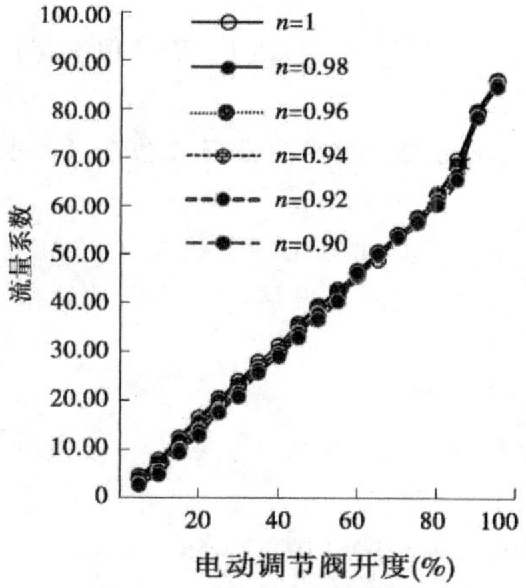

图 2-6-6　不同转速比电动调节阀流量特性曲线

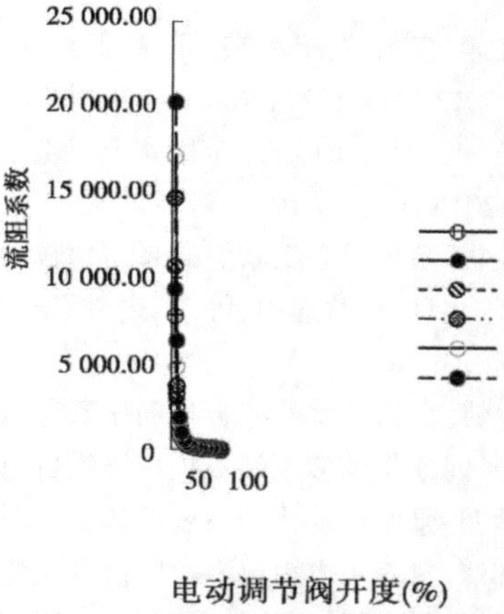

图 2-6-7　不同转速比电动调节阀阻力特性曲线

6.3.4　结　论

不同转速比电动调节阀流量特性曲线结论：由表 2-6-2～表 2-6-7 和图 2-6-6 可知，电动调节阀在同一转速比的情况下，其流量系数随着电动调节阀阀门开度的增大而变大，通过多组不同转速比的对比论证，得到其流量系数与电动调节阀阀门开度基本呈线性正比例关系。同时，转速的改变对阀门流量系数的影响较小，可忽略不计。如图 2-6-6 所示的多线段趋势线，拟合得调动调节阀开度与流量系数之间的表达式：

$$k_v = 85.5 - 2.52n \tag{2-6-8}$$

式中：k_v 为流量系数；n 为电动调节阀开度。

不同转速比电动调节阀阻力特性曲线结论：由表 2-6-2～表 2-6-7 和图 2-6-7 可知，电动调节阀在同一转速比的情况下，其流阻系数随着电动调节阀阀门开度的增大而减小，通过多组不同转速比的对比论证，得到其流阻系数与电动调节阀阀门开度基本呈反比例函数关系。同时，转速的改变对阀门流阻系数的影响较大，当电动调节阀阀门开度一定时，转速越小，流阻系数值越大，这种情况在阀门开度越小的情况下越明显。

如图 2-6-7 所示的多线段趋势线，拟合得调动调节阀开度与流阻系数之间的表达式：

$$\xi = \frac{24.5}{n^2} \tag{2-6-9}$$

式中：ξ 为流阻系数；n 为电动调节阀开度。

综上所述，电动调节阀的流量特性曲线和阻力特性曲线如图 2-6-6 和图 2-6-7 所示，其流量特性呈比例线性关系，曲线拟合函数关系式为 $k_v = 85.5 - 2.52n$；阻力特性呈反比例函数关系，曲线拟合函数关系式为 $\xi = 24.5/x^2$。

参 考 文 献

[1] 李红萍,李艺鸿,贾秀杰,等. 基于 Kingview 的 S7-300 PLC 监控系统设计[J]. 工业仪表与自动化装置, 2013(2): 1921,26.
[2] 曾焱,王爱莉,黄藏青. 全国水利信息化发展“十三五”规划关键问题的研究与思考[J]. 水利信息化, 2015(1): 14-19.
[3] 张爱华. 基于组态王软件的泵站物联网监控系统研究[D]. 西安:西安建筑科技大学, 2004.
[4] 钟震,沈日迈,黄逸中,等. 国内外泵站监控自动化技术设备现状与发展[J]. 中国农村水利水电, 1998(2):18-20.
[5] 潘卫锋. 皂河抽水站综合自动化研究[D]. 扬州:扬州大学, 2007.
[6] 廉娟. 博斯腾湖多泵站集控系统浅析[J]. 地下水, 2017, 39(1):189-190.
[7] 王学明. 泵站自动化的发展趋势[J]. 科技信息, 2011(23):475,473.
[8] 李怀清. 景泰川电力提灌灌区信息化建设初探[J]. 中国水利, 2005(19):54-56.
[9] 黄海田. 新世纪江苏泵站工程技术的新进展[J]. 江苏水利, 2015(6):1-6,9.
[10] 费战波,张永攀,彭泳凯. “互联网+供水”信息化建设在智慧水务中的创新[C]//第十三届中国城镇水务发展国际研讨会与新技术设备博览会,2018 年第十三届中国城镇水务发展国际研讨会与新技术设备博览会论文集. 重庆:城镇供水, 2018: 40-46.
[11] Ye Lingetal, Verlable. Structure and Time Varying Parameter Control for Hydroelectric Generating Unit [J]. IEEE Transon Energy Conversion, 1989, 14(3):293-299.
[12] Stephen F, Shumaker, Robert B, et al. Considerations for Large Diameter Buried Pipelines at a Water Treatment Facility with Limited Space[J]. ASCE Conference, 2006(72): 211.
[13] Schutze M, Campisano A, Colas H. Real Time Control of Urban Wastewater Systems — Where Do We Stand Today[J]. Journal of Hydrology, 2004(299): 335-348.
[14] Cembrano G, Quevedo J, Salamero M, et al. Control of Urban Drainage Systems[J]. Control Engineering Practice, 2004, 12(1): 1-9.
[15] 李晓雷. 面向山西大水网供水工程自动化系统的开发研究[D]. 太原:太原理工大学, 2012.
[16] 刘卫东. 泵站自动化监控系统的设计[J]. 现代农业科技, 2016(16): 162-163,166.
[17] 包加桐,朱正伟,钱福军,等. 泵站信息化技术研究与应用[J]. 人民长江, 2016, 47(15): 108-113.
[18] 岳彬彬,唐演. 泵站综合自动化技术与应用[J]. 科技风, 2011(22):141.
[19] 孙煜. 小型水电站物联网监控系统设计[D]. 内蒙古:内蒙古大学, 2013.
[20] 丁大奎. 工业锅炉的自动化监控系统分析[J]. 科技风, 2015(5):60.
[21] 叶力文. 小型水电站自动化改造方案研究[D]. 南昌:南昌大学, 2019.
[22] 屈博仁. 智能数字化水电站监控系统建设体系探讨[J]. 通讯世界, 2018(1): 199-200.
[23] 田浩,鱼靖江. BXB300 泵站综合自动化系统[J]. 中国水利, 2010(18):68-69.
[24] 郭琳. 泵站系统监控自动化设计与分析[J]. 电网与清洁能源, 2011, 27(3): 77-80,84.
[25] 牛晓东,李祖杰,陆建华,等. 山西省中部引黄工程全线信息化系统专项设计报告[R]. 太原:山西省水利水电勘测设计研究院, 2018.
[26] 纪菁. 智慧水务一体化平台软件设计[J]. 水电厂自动化, 2016(2):11-13, 17.

[27] 龙斌,张翔,杨昌世,等. 山区村镇智慧给水框架构想[J]. 河南科技, 2019(16):88-90.
[28] 刘璐璐. 大型灌区信息化系统总体方案设计[J]. 水利规划与设计, 2018(7): 15-18.
[29] 李元炎. 湖南省山丘区大型灌溉泵站信息化建设应用探讨[J]. 湖南水利水电,2019(5):51-54.
[30] 苏亮渊. 娘子关供水工程水力计算及监控系统开发研究[D]. 太原:太原理工大学,2016.
[31] 蔡晓轩. 计算机自动控制系统及其应用研究[J]. 化工管理, 2017(33):166-167.
[32] 闫宇翔. 面向山西大水网供水系统物联网监控系统开发研究[D]. 太原:太原理工大学, 2014.
[33] 洪浩. 三峡电源电站物联网监控系统的研究与实现[D]. 重庆:重庆大学, 2008.
[34] 郭秀明. 物联网监控系统分层分布式通信网络实时性分析[J]. 武汉水利电力大学学报, 2000(4): 97-99.
[35] 徐晓东,杨振坤. 一个 DCS 组态软件的设计与实现[J]. 计算机应用, 1999, 19(6): 49-50.
[36] 刘同海. 谈谈分散控制系统及其在称重领域中的应用[J]. 科技应用, 2010, 39(2):9-13,20.
[37] Yirong Yang, Shanan Zhu. Small Smart Distributed Control System[C]//Proceedings of the 4th World Congress on Intelligent Control and Automation, 2002, 3: 1976-1979.
[38] 徐海琴,田作华,曹广益. 远程监控技术的新发展[J]. 微型电脑应用, 2004, 20(8): 3-5.
[39] 高婷婷. DCS 与现场总线集成的研究与实现[D]. 青岛:青岛科技大学, 2012.
[40] Zhilei Cui, Jine Wang. Distributed Intelligent Control System of the Injection Molding Machine Based on ARM Controller[C]//Proceedings 2011 IEEE International Conference on Computer Science and Automation Engineering. 2011, 2: 364-367.
[41] 任凤娟. 基于西门子 PLC 的实验室网络控制系统的研究[D]. 成都:西华大学, 2009.
[42] 李伟光. 基于 PLC 的集散型船舶电站监控系统[D]. 大连:大连海事大学, 2003.
[43] 周冬生. 机械手肋骨冷弯机 PLC 控制系统的研究[D]. 武汉:武汉理工大学, 2004.
[44] 韦尚潮,曹声. 西门子 PLC 入门经典问答[M]. 北京:电子工业出版社, 2011.

第 3 篇　郭壁供水工程稳态及过渡工程数值模拟

第 1 章　绪　论

1.1　研究的背景和意义

泵站输水是由低处向高处输水的一种重要输调水方式,而且大部分供水泵站具有输水流量大、扬程高、距离长、输水情况复杂、耗电量大等特点。因此,如何保证供水泵站安全、经济运行就成为一项重要的研究课题。水锤是危害泵站安全运行的一种重要现象。在 20 世纪 70 年代,北京市政工程设计院针对国内发生的水锤事件进行调查,在华东、中南等地区有 30 多个较大泵站都发生过水锤事件,记录到的损失较大的事故达 200 次以上。1985 年 7 月,某自来水厂泵站突然失电,蝶阀异常关闭,由于水锤防护措施不当,导致泵站厂房被淹没,给人民生活造成一定的经济损失。瑞安市某厂取水泵站在调试运行期间发生多次水锤事件,造成泵站设备损坏。2005 年 9 月,某热电工程循环水泵站在试车过程中发生水锤事件,由于阀门不能正常关闭,给工程造成了严重损害。2008 年 12 月,陕西省宝鸡市某泵站一段管路发生了爆管事件,给居民饮水及工业用水带来了一定的影响。2011 年 5 月,山西省晋城市某泵站进行泵站试运行,为检验自动化系统,启动了自动停机程序,由于蝶阀关闭时间和关闭角度选用不合理,产生了停泵水锤事件,在泵站下游输水总管约 1.0 km 处发生爆管。1985 年 11 月,美国加利福尼亚州一核电厂机组由于电源短路,泵站发生停泵水锤事件,造成压力管道发生严重的扭曲位移和水泵基座的破坏。在美国,从 20 世纪六七十年代,就有 70 多起水锤事故被记载和报告。

随着时代的发展,泵站在国民经济中占据越来越重要的作用,研究不同工况下水泵的稳态运行特性,建立不同工况下水泵稳态运行数学模型,并在此基础上研究泵站的优化调度,以实现泵站工程的经济运行;研究不同工况下泵站的水力过渡过程及水锤的防护措施,建立相应的数学模型及边界条件,通过软件编程,实现对水力过渡过程的准确模拟,并寻找切实可行的水锤防护措施,以确保供水泵站的安全运行。研究成果不仅为山西大水网供水泵站目前的建设及今后的运行提供了可靠的依据,而且对全国供水泵站的安全、经济运行及自动化系统的开发也具有重要的参考价值。

1.2　国内外研究现状及存在的问题

从 18 世纪开始,国内外高等院校及科研学者们从泵站优化调度、泵站水锤计算、泵站水锤防护等方面,进行了深入的理论和试验研究,并取得了丰富的研究成果。

1.2.1 泵站优化调度研究现状

1.2.1.1 国外泵站优化调度研究现状

2010 年，Yang、Zhenyu、Borsting 等从节能角度出发，首先制定基于模型的最优问题，然后转换为混合整数非线性规划问题，提出了一种适用于多泵系统优化调度和控制的方法。2012 年，Al-Ani、Dhafar、Habibi 等提出了一种基于多粒子群优化方法（MOPSO），来自动确定泵站经济运行的调度方案。2015 年，Ghaddar、Bissan、Naoum-Sawaya 等提出了一个应用混合整数非线性规划法（MINLP）解决水泵优化调度问题的公式。2016 年，Menke、Ruben、Abraham 等对变速泵在泵站优化调度中的应用进行了研究。

1.2.1.2 国内泵站优化调度研究现状

2005 年，夏龙兴、马细霞、吴蓉对复杂泵系统运行工况进行了研究，提出三点插值与搜索逼近法，为复杂供水系统的稳态求解奠定了基础。2006 年，段焕丰、俞国平对城市供水系统的优化调度模型进行了研究，同时提出了周期运行中的优化调度问题，并在仿真计算中充分验证了改进的混合遗传算法的有效性。李黎武、施周采用大系统分解—协调技术建立了二层分解—协调模型。2007 年，鄢碧鹏、杜晓雷、刘超对遗传算法和神经网络在泵站经济运行中的联合应用进行了研究。2009 年，黄良沛、成涛、罗忠诚以系统整体优化和供水费用最小为目标，结合复杂供水系统的特点，建立了相应的优化调度数学模型，并编写了软件程序。2011 年，宋春福、周卫东、汪雄海利用模糊控制思想，提出一种以流量进出平衡为基点的区域泵站调度优化策略，应用有色 Petri 网（CPN）理论，建立了 CPN 模型。2014 年，张文钢运用相似理论提出了确定调速泵最佳调速区域的一般方法，并根据泵站能耗的计算方法，提出了泵站年度成本最小准则的评价方法。2015 年，梁兴建立了以抽水电费最小和机组启动次数最少为优化目标、以调度周期不同时段下流量分配为决策变量的双目标优化调度模型。

1.2.2 泵站水锤计算研究现状

1.2.2.1 国外泵站水锤计算研究现状

1967 年，Wylie E B、Streeter V L 合著了《Hydraulic Transients》一书，并于 1978 年将书名更改为《Fluid Transients》，书中重点介绍了计算压力管道水锤的特征线法，该方法具有稳定性好、易于编程等特点，在实际水锤计算中应用广泛。1972 年，秋元德三详细介绍了水锤的基本概念、计算理论以及不同边界条件下的水锤计算方法。1979 年，Chaudhry M H 对水力过渡过程的基本理论、数学模型以及计算方法进行了详细的介绍。1995 年，Vardy A、Brown J 研究了非稳定流态下管道摩阻，并运用加权函数法计算了管道瞬态湍流摩阻。2002 年，Izquierdo J、Iglesias P L 在水锤弹性理论的基础上，建立了简单管路系统水力过渡过程数学模型。

1.2.2.2 国内泵站水锤计算研究现状

2014 年，赵修龙、张健、俞晓东基于有限体积法对水锤方程进行了空间和时间尺度上的积分，并采用隐式的 Crank—Nicolson 格式对偏微分项进行处理，得到了具有二阶精度和无条件稳定的水锤方程离散格式。2015 年，杨帅提出了一种基于一维特征线法和三维计算流体动力学的水锤耦合分析方法。

1.2.3　泵站水锤防护措施研究现状

1.2.3.1　国外泵站水锤防护措施研究现状

1987 年,Chaudhry M H 对单向调压塔在水锤防护中的应用进行了研究。1993 年,Wylie、Streeter 针对单、双向调压塔,水锤消除器,气压罐,空气阀,止回阀等水锤防护装置进行了研究。1997 年,Stephenson 对空气阀在水锤防护中的效果进行了研究。1999 年,Lee 对气穴泵系统、水力控制阀及空气阀对水锤压力波动的影响进行了研究。

1.2.3.2　国内泵站水锤防护措施研究现状

2015 年,周广钰、吴辉明、金喜来等对停泵水锤防护措施进行了研究,研究表明采用空气阀、两阶段缓闭蝶阀联合防护效果较好。成一雄对水锤防护的工程类和非工程类措施进行了研究,并主要分析了两阶段液控止回阀与进排气阀的水锤防护效果。

1.3　稳态运行概述

1.3.1　稳态概述

稳态即在一定电力作用下,由电动机带动,水泵以一定的流量、扬程稳定运行的状态。稳态计算的目的是确定水泵稳定运行时的流量、扬程,即水泵的工作点。通过对水泵工作点的分析,可以校核水泵、电机、泵站的运行情况。

1.3.2　水泵工作点调节

泵在实际运行中,为满足供水流量和经济运行要求,需要改变流量、扬程而使水泵工作点发生变化,通常采用的调节方式有节流调节、分流调节、变速调节、变径调节、变压调节等五种。

(1)节流调节。通过改变水泵出口阀门的开度,改变管路的阻力系数,改变管路特性曲线来调节水泵工作点。阀门调节使总水头增大,降低了管路效率,但该方法简单易行。

(2)分流调节。利用出水管上的支管分出部分流量,使一部分水回流或者流向别处,此方法通过改变管路特性曲线来调节水泵工作点。该方法虽然消耗部分流量,但原管路系统运行稳定,调节范围广。

(3)变速调节。通过改变水泵的转速,改变水泵的特性曲线,达到调节水泵工作点的目的。该方法一般需要系统添加变频装置,但调速易实现,节能效果较好,且具有可逆性。

(4)变径调节。通过改变叶轮的直径(对叶轮进行车削),改变水泵特性曲线,调节水泵工作点。该方法调节范围广,但具有不可逆性。

(5)变压调节。通过改变叶轮的级数,降低水泵的扬程,提高水泵的效率。变速调节以其调节范围广、操作方便、节能效果好等优点而得到广泛应用。

1.3.3　水泵变速调节特性

变速调节时水泵工作点确定示意图如图 3-1-1 所示。

如图 3-1-1 所示,变速前水泵转速(额定转速)为 n_0,水泵工作点在点 $A_0(Q_0,H_0)$ 处,变速后水泵转速为 n_1,水泵工作点调节到点 $A_1(Q_1,H_1)$ 处。由图 3-1-1 可知:变速调节后,若水泵转速大于原转速,则水泵工作点向原工作点的右上方移动;若水泵转速小于原转速,则水泵工作点向原工作点的左下方移动。

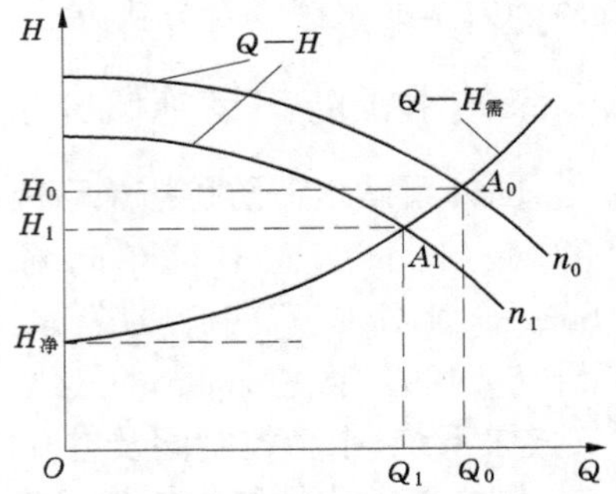

图 3-1-1　水泵变速调节工作点确定示意图

在此引入变速比 $k(k=n_1/n_0$,其中 n_1 为变速后水泵的转速;n_0 为变速前水泵的转速,一般为额定转速),根据比例律公式可知:

$$\frac{Q_1}{Q_0}=\frac{n_1}{n_0}=k \tag{3-1-1}$$

$$\frac{H_1}{H_0}=\left(\frac{n_1}{n_0}\right)^2=k^2 \tag{3-1-2}$$

$$\frac{N_1}{N_0}=\left(\frac{n_1}{n_0}\right)^3=k^3 \tag{3-1-3}$$

式中:Q_0、H_0、N_0、n_0 分别为变速前(额定状态下)水泵的流量、扬程、有效功率、转速;Q_1、H_1、N_1、n_1 分别为变速后水泵的流量、扬程、有效功率、转速。

1.4　稳态运行数学模型

以单泵单管运行方式为例,在考虑水泵进出水支管水头损失时,根据水泵三组特性点,利用最小二乘法拟合水泵的基本特性曲线:Q—H 曲线和 Q—η 曲线。

Q—H 曲线:

$$H=xQ^2+yQ+z-S_0Q^2 \tag{3-1-4}$$

Q—η 曲线:

$$\eta=aQ^3+bQ^2+cQ \tag{3-1-5}$$

管路特性曲线:

$$H=h_{净}+h_{损}=(h_{出}-h_{进})+(h_{沿程}+h_{局部}) \tag{3-1-6}$$

$$h_{沿程}=f\frac{L}{D}\frac{v^2}{2g}=f\frac{L}{D}\frac{Q^2}{2gA^2} \tag{3-1-7}$$

$$h_{局部}=\sum\xi\frac{v^2}{2g}=\sum\xi\frac{Q^2}{2gA^2} \tag{3-1-8}$$

$$H=(h_{出}-h_{进})+\left(f\frac{L}{D}+\sum\xi\right)\frac{Q^2}{2gA^2}=(h_{出}-h_{进})+SQ^2 \tag{3-1-9}$$

式中:x、y、z、a、b、c 为水泵特性参数;Q、H、η 分别为水泵工作点的流量(m^3/s)、扬程(m)、效率(%);$h_{损}$、$h_{沿程}$、$h_{局部}$分别为出水总管水头损失、沿程水头损失、局部水头损失,m;$h_{净}$、$h_{出}$、$h_{进}$ 分别为泵站净扬程、出水池水位、进水池水位,m; f、ξ、L、D、A 分别为管路摩阻系数、局部阻力系数、管长(m)、管径(m)、横截面面积(m^2)；S_0、S分别为水泵进出水支管损失系数、出水总管损失系数，s^2/m^5。

将式(3-1-4)、式(3-1-9)联立求解，即可得出水泵工作点的流量Q、扬程H，将流量Q代入式(3-1-5)即可求出水泵的效率η。

本书根据供水泵站工程常见的运行情况，主要研究同型号水泵定速、同型号水泵变速、不同型号水泵定速、不同型号水泵变速及复杂水泵运行等工况的稳态运行特性。

第 2 章　泵站稳态运行数学模型

2.1　同型号水泵定速运行

以两台同型号水泵定速并联运行来讨论同型号水泵定速运行特性。同型号水泵定速运行工作点确定示意图如图 3-2-1 所示。

如图 3-2-1 所示，曲线Ⅰ为单台水泵定速运行的特性曲线，曲线Ⅱ是两台同型号水泵定速并联运行的特性曲线，曲线Ⅱ是将曲线Ⅰ的横坐标伸长为原来的 2 倍，纵坐标不变而得到的。此时双泵的工作点在点 $A_0(Q_0, H_0)$ 处，单泵的工作点在点 $A_1(Q_1, H_0)$ 处，其中 $Q_0 = 2Q_1$。

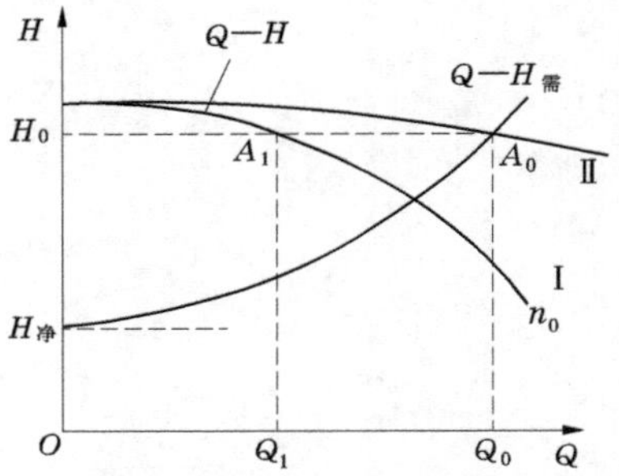

图 3-2-1　同型号水泵定速运行工作点确定示意图

双泵并联的 Q—H 曲线为

$$H = \frac{x}{2^2}Q^2 + \frac{y}{2}Q + z - \frac{S_0}{2^2}Q^2 \quad (3\text{-}2\text{-}1)$$

将式(3-1-9)、式(3-2-1)联立求解，即可求出泵站水泵并联工作点 Q_0、H_0，将 H_0 代入式(3-1-4)，即可求得单台水泵的流量 Q_1，将 Q_1 代入式(3-1-5)即可求出单台水泵的 $\eta_{泵}$（同型号水泵定速并联运行时，各台水泵效率相等）。

单台水泵的有效功率：

$$N_{效} = 9.8 \times Q_1 \times H_0 \quad (3\text{-}2\text{-}2)$$

泵站效率：

$$\eta_{站} = \eta_{传} \times \eta_{机} \times \eta_{池} \times \eta_{泵} \times \eta_{管} \quad (3\text{-}2\text{-}3)$$

泵站功率：

$$N_{站} = 2 \times 9.8 \times Q_1 \times H_0 / \eta_{站} \quad (3\text{-}2\text{-}4)$$

式中：$N_{效}$、$N_{站}$分别为单台水泵有效功率、泵站功率，kW，下同；$\eta_{站}$、$\eta_{传}$、$\eta_{机}$、$\eta_{池}$、$\eta_{泵}$、$\eta_{管}$分别为泵站效率（%）、传动效率（%）、电动机效率（%）、进出水池效率（%）、水泵效率（%）、管路效率（%），下同。

2.2　同型号水泵变速运行

同型号水泵变速运行时，存在部分水泵定速和部分水泵变速且变速水泵转速又不相同的情况，因此同型号水泵变速运行工况复杂。以两台同型号水泵同时变速及一台定速、一台变速两种运行工况为例，相应工作点确定示意图如图 3-2-2 所示。

如图 3-2-2 所示，曲线Ⅰ为水泵定速运行的特性曲线，曲线Ⅱ是水泵变速运行的特性曲线，曲线Ⅲ是两台变速泵并联运行的特性曲线，曲线Ⅳ是一台定速泵和一台变速泵并联运行的特性曲线。曲线Ⅲ、Ⅳ分别是将相应两台水泵特性曲线的横坐标相加，纵坐标保持不变而得到的。从图 3-2-2 中可知，两台水泵以相同转速变速运行时，并联工作点在点 $A_1(Q_1,H_1)$处，相应单台水泵的工作点在点 $A_2(Q_2,H_1)$处，此时 $Q_1=2Q_2$；两台水泵以不同转速运行时，并联工作点在点 $A_0(Q_0,H_0)$处，相应定速泵的工作点在点 $A_3(Q_3,H_0)$处，变速泵的工作点在点 $A_4(Q_4,H_0)$处，此时 $Q_0=Q_3+Q_4$。

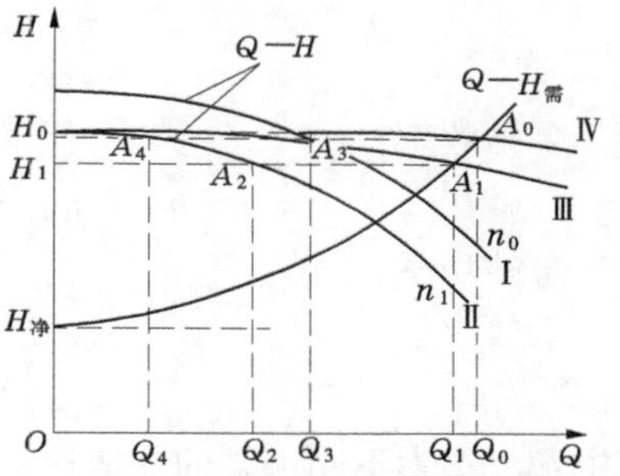

图 3-2-2　同型号水泵变速运行工作点确定示意图

假设一台水泵的变速比为 k_1，另外一台水泵的变速比为 k_2（当 $k=1$ 时，即为定速运行），根据比例率公式可知相应水泵的基本特性曲线：

变速比 k_1：

$$H = xQ^2 + k_1 \times yQ + k_1^2 \times z - S_0Q^2 \tag{3-2-5}$$

相似工况抛物线：

$$H = C_{k1} \times Q^2 \tag{3-2-6}$$

变速比 k_2：

$$H = xQ^2 + k_2 \times yQ + k_2^2 \times z - S_0Q^2 \tag{3-2-7}$$

相似工况抛物线：

$$H = C_{k2} \times Q^2 \tag{3-2-8}$$

并联运行：

$$H = x_0Q^2 + y_0Q + z_0 - S_0'Q^2 \tag{3-2-9}$$

式中：x_0、y_0、z_0 为并联后的水泵特性参数，下同；S_0'为并联后水泵进出水支管损失系数，s^2/m^5，下同。

将式(3-1-9)、式(3-2-9)联立求解，即可得出水泵并联运行的工作点 Q、H。根据 Q、H，利用式(3-2-5)、式(3-2-7)即可求出各台水泵的 Q_{k1}、H_{k1}、Q_{k2}、H_{k2}。再根据 Q_{k1}、H_{k1}、Q_{k2}、H_{k2}，利用式(3-2-6)、式(3-2-8)即可求出抛物线常数 C_{k1}、C_{k2}。再利用式(3-2-6)、式(3-2-8)、式(3-1-4)即可求出相应的等效率点的流量 Q_{k1}'、Q_{k2}'，最后将 Q_{k1}'、Q_{k2}'分别代入式(3-1-5)，即可求出各台水泵的 η_{ki}。

单台水泵的有效功率：

$$\left.\begin{aligned} N_{效k1} &= 9.8Q_{k1}H_{k1} \\ N_{效k2} &= 9.8Q_{k2}H_{k2} \end{aligned}\right\} \tag{3-2-10}$$

变频器效率：

$$\eta_{变频ki} = 0.905\,47 + 0.099\,28k_i - 0.026\,66k_i^2 \tag{3-2-11}$$

根据水泵和变频器的总功率等于各台水泵和变频器功率之和，求并联泵组水泵、变频器的平均效率：

$$\eta_{\text{平均泵×变频器}} = \frac{\sum Q_{ki}}{\sum Q_{ki}/\eta_{ki}/\eta_{\text{变频}ki}} \tag{3-2-12}$$

泵站效率：

$$\eta_{\text{站}} = \eta_{\text{传}} \times \eta_{\text{机}} \times \eta_{\text{池}} \times \eta_{\text{平均泵×变频器}} \times \eta_{\text{管}} \tag{3-2-13}$$

泵站功率：

$$N_{\text{站}} = 9.8 \times \sum Q_{ki} \times \frac{H_0}{\eta_{\text{站}}} \tag{3-2-14}$$

式中：k_1、k_2 为不同水泵的变速比，下同；Q_{ki}、H_{ki} 分别为变速比为 k_i 的水泵的工作点流量和扬程，下同；$\eta_{\text{平均泵×变频器}}$、$\eta_{\text{变频}ki}$ 分别为水泵、变频器平均效率(%)，变频器效率(%)，下同。

2.3　不同型号水泵定速运行

为实现流量的匹配，泵站也经常采用不同型号水泵并联运行的方式。以两台不同型号水泵并联运行为例，其工作点确定示意图如图 3-2-3 所示，曲线Ⅰ为大泵定速运行的特性曲线，曲线Ⅱ是小泵定速运行的特性曲线，曲线Ⅲ是两台定速泵并联运行的特性曲线。曲线Ⅲ是将两台水泵特性曲线的横坐标相加，纵坐标保持不变而得到的。从图 3-2-2 中可知，两台定速泵并联运行时工作点在点 $A(Q_0,H_0)$ 处，大泵的工作点在点 $A_1(Q_1,H_0)$ 处，小泵的工作点在点 $A_2(Q_2,H_0)$ 处，此时 $Q_0=Q_1+Q_2$。

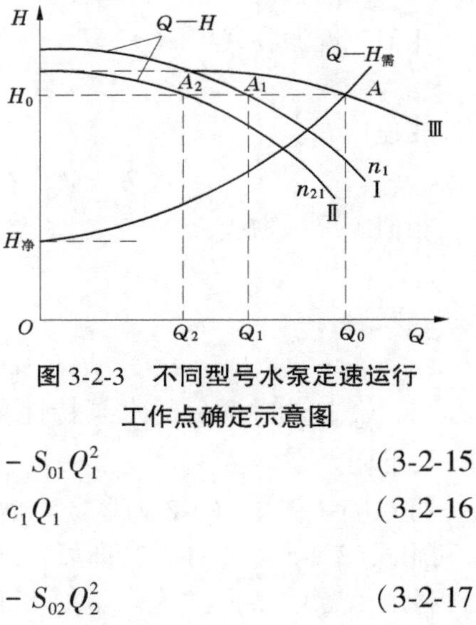

图 3-2-3　不同型号水泵定速运行工作点确定示意图

大泵基本特性曲线：

$$H_1 = x_1 Q_1^2 + y_1 Q_1 + z_1 - S_{01} Q_1^2 \tag{3-2-15}$$

$$\eta_1 = a_1 Q_1^3 + b_1 Q_1^2 + c_1 Q_1 \tag{3-2-16}$$

小泵基本特性曲线：

$$H_2 = x_2 Q_2^2 + y_2 Q_2 + z_2 - S_{02} Q_2^2 \tag{3-2-17}$$

$$\eta_2 = a_2 Q_2^3 + b_2 Q_2^2 + c_2 Q_2 \tag{3-2-18}$$

并联运行：

$$H = x_0 Q_0^2 + y_0 Q_0 + z_0 - S_0' Q_0^2 \tag{3-2-19}$$

将式(3-1-9)、式(3-2-19)联立求解，即可得出水泵并联运行的工作点 Q_0、H_0，根据 Q_0、H_0 和式(3-2-15)、式(3-2-17)，即可求出各台水泵的 Q_1、H_1、Q_2、H_2。将 Q_1、Q_2 分别代入式(3-2-16)、式(3-2-18)，即可求出各台水泵的效率 η_1、η_2。并联泵组水泵、电机的平均效率为

$$\eta_{\text{平均泵×机}} = \frac{\sum Q_i}{\sum Q_{ki}/\eta_i/\eta_{\text{机}i}} \tag{3-2-20}$$

泵站效率:

$$\eta_{站} = \eta_{传} \times \eta_{池} \times \eta_{平均泵\times机} \times \eta_{管} \tag{3-2-21}$$

单台水泵的有效功率、泵站功率如式(3-2-10)、式(3-2-14)所示。

式中:x_1、y_1、z_1、x_2、y_2、z_2、a_1、b_1、c_1、a_2、b_2、c_2 为大、小泵的水泵特性参数,下同;Q_1、η_1、Q_2、η_2 为大、小泵的流量(m^3/s)、效率(%),下同;$\eta_{平均泵\times机}$ 为水泵和电机的平均效率,下同;S_{01}、S_{02} 为大、小泵的水泵进出水支管损失系数,s^2/m^5,下同。

2.4　不同型号水泵变速运行

不同型号水泵变速运行时,同样存在部分水泵定速和部分水泵变速,且变速比不同的情况。以两台不同型号水泵同时变速运行工况为例,相应工作点确定示意图如图 3-2-4 所示。

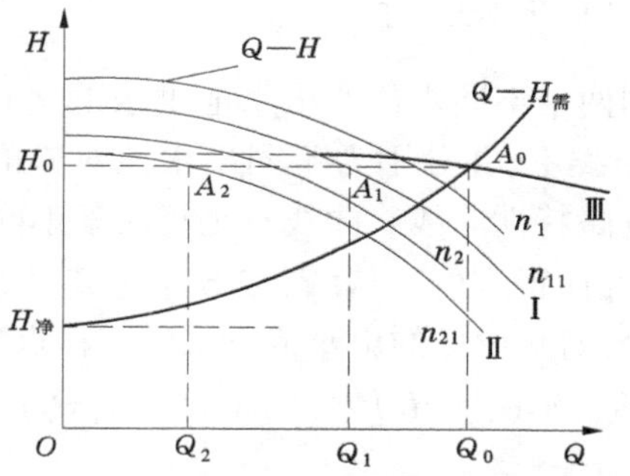

图 3-2-4　不同型号水泵变速工作点确定

如图 3-2-4 所示,曲线Ⅰ为大泵变速运行的特性曲线,曲线Ⅱ是小泵变速运行的特性曲线,曲线Ⅲ是两台变速泵并联运行的特性曲线。曲线Ⅲ是将两台大、小水泵变速后的特性曲线的横坐标相加,纵坐标保持不变而得到的。从图 3-2-4 中可知,两台变速泵并联运行时工作点在点 $A_0(Q_0,H_0)$ 处,大泵的工作点在点 $A_1(Q_1,H_0)$ 处,小泵的工作点在点 $A(Q_2,H_0)$ 处 2,此时 $Q_0=Q_1+Q_2$。

大泵基本特性曲线:

$$H = x_1Q^2 + k_1 \times y_1Q + k_1^2 \times z_1 - S_{01}Q^2 \tag{3-2-22}$$

小泵基本特性曲线:

$$H = x_2Q^2 + k_2 \times y_2Q + k_2^2 \times z_2 - S_{02}Q^2 \tag{3-2-23}$$

各台水泵对应的相似工况抛物线如式(3-2-6)、式(3-2-8)所示,水泵效率曲线如式(3-2-16)、式(3-2-18)所示,并联运行水泵基本特性曲线如式(3-2-19)所示。

将式(3-1-9)、式(3-2-19)联立求解,即可得出水泵并联运行的工作点 Q_0、H_0,根据 H_0、Q_0 和式(3-2-22)、式(3-2-23),即可求出各台水泵的 Q_1、H_1、Q_2、H_2,即 Q_{k1}、H_{k1}、Q_{k2}、H_{k2}。再根据 Q_{k1}、H_{k1}、Q_{k2}、H_{k2},利用式(3-2-6)、式(3-2-8),即可求出抛物线常数 C_{k1}、C_{k2}。再利用式(3-2-6)、式(3-2-8)、式(3-2-16)、式(3-2-18),即可求出相应的等效率点的流量 Q'_{k1}、Q'_{k2},最后将 Q'_{k1}、Q'_{k2}分别代入式(3-2-16)、式(3-2-18),即可求出各台水泵的 η_{ki}。

并联泵组水泵、变频器、电机的平均效率为

$$\eta_{平均泵\times变频器\times机}=\frac{\sum Q_i}{\sum Q_{ki}/\eta_{ki}/\eta_{变频i}/\eta_{机i}} \tag{3-2-24}$$

泵站效率：

$$\eta_{站}=\eta_{传}\times\eta_{池}\times\eta_{平均泵\times变频器\times机}\times\eta_{管} \tag{3-2-25}$$

单台水泵的有效功率、泵站功率如式(3-2-10)、式(3-2-12)所示。

2.5　复杂水泵运行

复杂水泵运行一般包括水泵向不同出水池供水、进水池水位不同时水泵并联、多台水泵串联、管路中增设加压水泵等工况，此处仅讨论前两种运行工况。

2.5.1　水泵向不同出水池供水运行

以单台水泵定速同时向两个不同水位的出水池供水的运行工况为例，相应工作点确定示意图如图3-2-5所示，曲线Ⅰ、Ⅱ分别为不同出水池对应的管路特性曲线，曲线Ⅲ是向两个出水池同时供水的管路特性曲线。曲线Ⅲ是将两条不同出水池对应的特性曲线的横坐标相加，纵坐标保持不变而得到的。从图3-2-5中可知，向两个出水池同时供水时并联工作点在点$A_0(Q_0,H_0)$处，向水位低的出水池供水的工作点在点$A_1(Q_1,H_0)$处，向水位高的出水池供水的工作点在点$A_2(Q_2,H_0)$处，此时$Q_0=Q_1+Q_2$。

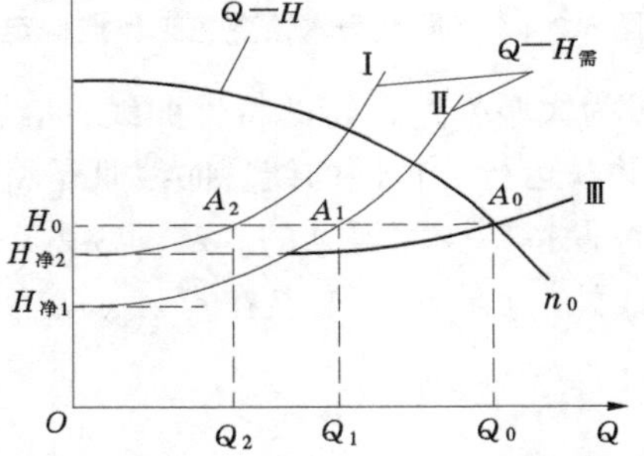

图3-2-5　不同水位的出水池供水水泵工作点确定

管路特性曲线：

$$H=(h_{出1}-h_{进})+S_1Q^2 \tag{3-2-26}$$

$$H=(h_{出2}-h_{进})+S_2Q^2 \tag{3-2-27}$$

同时向不同水位出水池供水的管路特性曲线如式(3-1-9)所示，水泵特性曲线如式(3-1-4)所示。将式(3-1-4)、式(3-1-9)联立求解，即可得出水泵运行的工作点Q_0、H_0。根据Q_0、H_0，利用式(3-2-26)、式(3-2-27)，即可求出水泵向不同出水池的供水流量Q_1、Q_2。

管路效率：

$$\eta_{管i}=(h_{出i}-h_{进})/H_0 \tag{3-2-28}$$

并联管路的平均效率：

$$\eta_{平均管} = \sum Q_i / \sum Q_i / \eta_{管i} \tag{3-2-29}$$

水泵效率如式(3-1-5)所示，水泵有效功率如式(3-2-2)所示。

泵站效率：

$$\eta_{站} = \eta_{传} \times \eta_{机} \times \eta_{池} \times \eta_{泵} \times \eta_{平均管} \tag{3-2-30}$$

泵站功率如式(3-2-4)所示。

2.5.2　进水池水位不同时水泵并联运行

以两台同型号水泵定速同时从两个不同水位的进水池向一个出水池供水的运行工况为例，相应工作点确定示意图如图 3-2-6 所示。

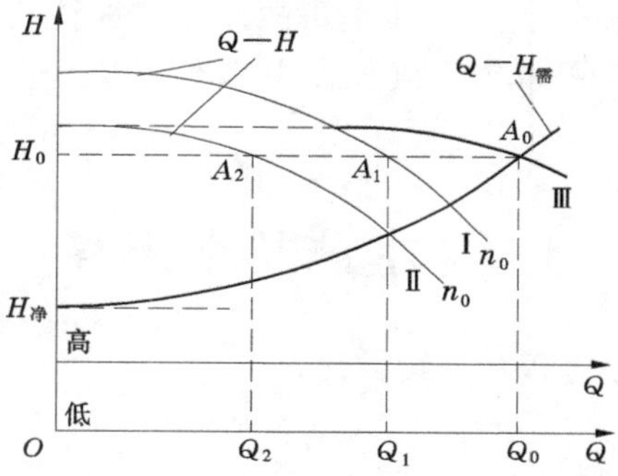

图 3-2-6　进水池水位不同时水泵工作点确定示意图

如图 3-2-6 所示，曲线Ⅰ、Ⅱ分别为以不同进水池水位为基线绘出的水泵特性曲线，曲线Ⅲ是向两个进水池同时供水的水泵特性曲线。曲线Ⅲ是将两条不同进水池对应的特性曲线的横坐标相加，纵坐标保持不变而得到的。从图 3-2-6 中可知，从两个不同水位的进水池同时向一个出水池供水时工作点在点 $A_0(Q_0,H_0)$ 处，进水池水位高的泵工作点在点 $A_1(Q_1,H_0)$ 处，进水池水位低的泵工作点在点 $A_2(Q_2,H_0)$ 处，此时 $Q_0=Q_1+Q_2$，相应工作点的求解及泵站相关参数的计算原理同上。

第 3 章 泵站水力过渡过程数学模型

3.1 水锤概述

在压力管路中因流速剧烈变化，而在管路中产生一系列剧烈的压力交替变化的水力撞击现象，称为水锤现象。水锤也称为水击或水力过渡过程，现在国内外普遍将泵站管路系统中所发生的多种多样的水锤现象称为泵站管路系统水力过渡过程。

国内外泵站发生过多次水锤事故，水锤事故发生时往往会造成爆管、水流倒灌、水泵损害、电机损坏等危害，给工程带来了巨大损失。本书以弹性水锤理论对水柱连续的间接—停泵水锤为研究对象。

3.2 水锤基本方程

水锤基本方程包括运动方程和连续方程。

3.2.1 运动方程

如图 3-3-1 所示，取 Δx 长的微元体进行受力分析。

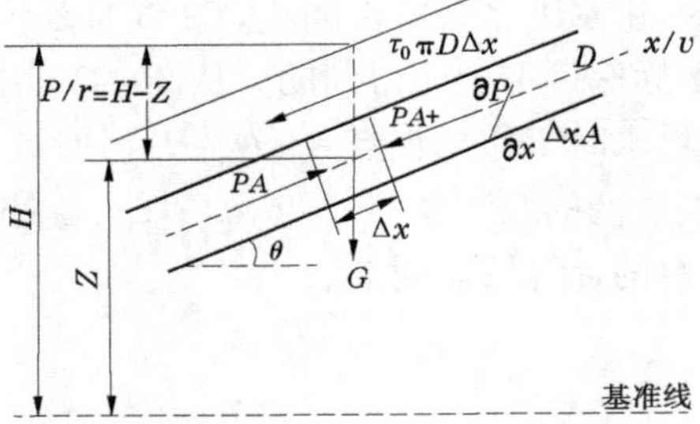

图 3-3-1 微元体受力分析图

根据压力管道轴线建立 x 坐标，以压力管道下游为 x 轴正方向，θ 为压力管道与水平线的夹角，当压力管道沿线升高时为正值，当压力管道沿线降低时为负值。微元体在 x 轴方向上受力有：侧向切应力（摩擦阻力）F_1、重力分量 F_2、压差力 F_3。

$$F_1 = -\tau_0\pi D\Delta x = -\frac{1}{8}f\rho v^2\pi D\Delta x = -\frac{f\rho A\Delta x}{2D}v|v| \tag{3-3-1}$$

$$F_2 = -G\sin\theta = -A\Delta x\rho g\sin\theta \tag{3-3-2}$$

$$F_3 = -\left(PA + \frac{\partial P}{\partial x}\Delta xA\right) + PA = -\frac{\partial P}{\partial x}\Delta xA \tag{3-3-3}$$

微元体在 x 轴方向的合力为

$$F = F_1 + F_2 + F_3 \tag{3-3-4}$$

根据牛顿第二定律可知：

$$\frac{\mathrm{d}v}{\mathrm{d}t} = \frac{F}{m} \tag{3-3-5}$$

微元体在 x 轴方向的加速度分量为

$$\left(\frac{\mathrm{d}v}{\mathrm{d}t}\right)_x = \frac{\partial v}{\partial t} + v\frac{\partial v}{\partial x} \tag{3-3-6}$$

$$\frac{\partial v}{\partial t} + v\frac{\partial v}{\partial x} = \frac{\dfrac{-f\rho A\Delta x}{2D}v|v| - A\Delta x\rho g\sin\theta - \dfrac{\partial P}{\partial x}\Delta xA}{A\Delta x\rho} \tag{3-3-7}$$

$$\frac{\partial v}{\partial t} + v\frac{\partial v}{\partial x} = -\frac{fv|v|}{2D} - g\sin\theta - \frac{1}{\rho}\frac{\partial P}{\partial x} \tag{3-3-8}$$

$$H = \frac{P}{\rho g} + Z \tag{3-3-9}$$

$$P = (H - Z)\rho g \tag{3-3-10}$$

$$\frac{\partial P}{\partial x} = \frac{\partial[(H - Z)\rho g]}{\partial x} = \rho g\left(\frac{\partial H}{\partial x} - \frac{\partial Z}{\partial x}\right) \tag{3-3-11}$$

$$\frac{\partial Z}{\partial x} = \sin\theta \tag{3-3-12}$$

则式(3-3-8)可化简为

$$\frac{\partial v}{\partial t} + v\frac{\partial v}{\partial x} + g\frac{\partial H}{\partial x} + \frac{fv|v|}{2D} = 0 \tag{3-3-13}$$

用流量 Q 替代流速 v，式(3-3-13)又可化简为

$$\frac{\partial Q}{\partial t} + \frac{Q}{A}\frac{\partial Q}{\partial x} + gA\frac{\partial H}{\partial x} + \frac{fQ|Q|}{2DA} = 0 \tag{3-3-14}$$

式(3-3-13)、式(3-3-14)即为运动方程。

3.2.2　连续方程

如图 3-3-2 所示，取 Δx 长的微元体进行质量守恒分析。

在 Δt 时间内流入和流出微元体的液体质量差等于微元体的质量变化率。

$$\rho Av\Delta t - (\rho + \Delta\rho)(A + \Delta A)(v + \Delta v)\Delta t = \frac{\mathrm{d}(\rho A\Delta x)}{\mathrm{d}t}\Delta t \tag{3-3-15}$$

等式两边同时除以 Δt，并化简得

$$\rho Av - (\rho + \mathrm{d}\rho)(A + \mathrm{d}A)(v + \mathrm{d}v) = \left(\rho\frac{\mathrm{d}A}{\mathrm{d}t} + A\frac{\mathrm{d}\rho}{\mathrm{d}t}\right)\mathrm{d}x \tag{3-3-16}$$

$$\rho Av - \left(\rho + \frac{\partial\rho}{\partial x}\mathrm{d}x\right)\left(A + \frac{\partial A}{\partial x}\mathrm{d}x\right)\left(v + \frac{\partial v}{\partial x}\mathrm{d}x\right) = \left(\rho\frac{\mathrm{d}A}{\mathrm{d}t} + A\frac{\mathrm{d}\rho}{\mathrm{d}t}\right)\mathrm{d}x \tag{3-3-17}$$

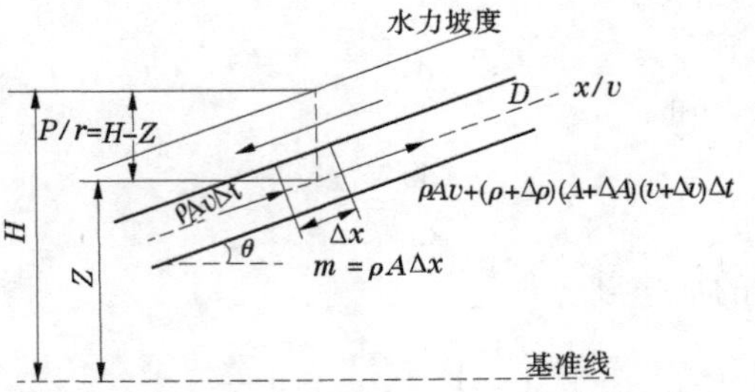

图 3-3-2　微元体质量守恒分析图

将式(3-3-17)展开,并消去二阶 dx^2 项:

$$-\left(\rho A\frac{\partial v}{\partial x}+\rho v\frac{\partial A}{\partial x}+Av\frac{\partial \rho}{\partial x}\right)dx=\left(\rho\frac{dA}{dt}+A\frac{d\rho}{dt}\right)dx \tag{3-3-18}$$

$$-\rho A\frac{\partial v}{\partial x}-\rho v\frac{\partial A}{\partial x}-Av\frac{\partial \rho}{\partial x}=\rho\frac{dA}{dt}+A\frac{d\rho}{dt} \tag{3-3-19}$$

因为$\partial A/\partial x$、$\partial \rho/\partial x$ 值都远小于$\partial v/\partial x$,可忽略,式(3-3-19)简化得

$$-\rho A\frac{\partial v}{\partial x}=\rho\frac{dA}{dt}+A\frac{d\rho}{dt} \tag{3-3-20}$$

$$-\frac{\partial v}{\partial x}=\frac{1}{A}\frac{dA}{dt}+\frac{1}{\rho}\frac{d\rho}{dt}=\frac{1}{A}\frac{dA}{dP}\frac{dP}{dt}+\frac{1}{\rho}\frac{d\rho}{dP}\frac{dP}{dt}=\frac{dP}{dt}\left(\frac{1}{A}\frac{dA}{dP}+\frac{1}{\rho}\frac{d\rho}{dP}\right) \tag{3-3-21}$$

水锤波传播速度 a 为

$$a=\frac{1}{\sqrt{\rho\left(\frac{1}{A}\frac{dA}{dP}+\frac{1}{\rho}\frac{d\rho}{dP}\right)}} \tag{3-3-22}$$

$$-\frac{\partial v}{\partial x}=\frac{1}{\rho a^2}\frac{dP}{dt} \tag{3-3-23}$$

$$-\frac{\partial v}{\partial x}=\frac{1}{\rho a^2}\left(\frac{\partial P}{\partial t}+v\frac{\partial P}{\partial x}\right) \tag{3-3-24}$$

对式(3-3-10)求偏导:

$$\frac{\partial P}{\partial t}=\frac{\partial[(H-Z)\rho g]}{\partial t}=\rho g\left(\frac{\partial H}{\partial t}-\frac{\partial Z}{\partial t}\right)=\rho g\frac{\partial H}{\partial t} \tag{3-3-25}$$

$$\frac{\partial P}{\partial x}=\frac{\partial[(H-Z)\rho g]}{\partial x}=\rho g\left(\frac{\partial H}{\partial x}-\frac{\partial Z}{\partial x}\right)=\rho g\left(\frac{\partial H}{\partial x}-\sin\theta\right) \tag{3-3-26}$$

将式(3-3-25)、式(3-3-26)代入式(3-3-24)并化简得

$$\frac{\partial H}{\partial t}+v\left(\frac{\partial H}{\partial x}-\sin\theta\right)+\frac{a^2}{g}\frac{\partial v}{\partial x}=0 \tag{3-3-27}$$

用流量 Q 替代流速 v,式(3-3-27)又可化简为

$$\frac{\partial H}{\partial t}+\frac{Q}{A}\left(\frac{\partial H}{\partial x}-\sin\theta\right)+\frac{a^2}{gA}\frac{\partial Q}{\partial x}=0 \tag{3-3-28}$$

式(3-3-27)、式(3-3-28)即为连续方程。

综上,水锤基本方程如下:

运动方程:
$$\frac{\partial v}{\partial t}+v\frac{\partial v}{\partial x}+g\frac{\partial H}{\partial x}+\frac{fv|v|}{2D}=0$$

连续方程:
$$\frac{\partial H}{\partial t}+v\left(\frac{\partial H}{\partial x}-\sin\theta\right)+\frac{a^2}{g}\frac{\partial v}{\partial x}=0$$

或

运动方程:
$$\frac{\partial Q}{\partial t}+\frac{Q}{A}\frac{\partial Q}{\partial x}+gA\frac{\partial H}{\partial x}+\frac{fQ|Q|}{2DA}=0$$

连续方程:
$$\frac{\partial H}{\partial t}+\frac{Q}{A}\left(\frac{\partial H}{\partial x}-\sin\theta\right)+\frac{a^2}{gA}\frac{\partial Q}{\partial x}=0$$

式中:Q、v、D、A、f 分别为输水总管流量(m^3/s)、水流流速(m/s)、管道直径(m)、管道横截面面积(m^2)、管道摩阻系数;θ、g、a 分别为管道倾角(°)、当地重力加速度(m/s^2)、水锤波的传播速度(m/s);H、P、Z 分别为总水头/相对压力(m)、绝对压强(N/m^2)、位置水头(m);x、t 分别为水锤波传播的距离(m)、时间(s)。

3.3　特征线法

3.3.1　特征线法概述

特征线法是应用特征线理论,将偏微分方程转化为常微分方程,通过求解常微分方程进而得到原偏微分方程解的一种方法。

Wylie、Streeter 提出了特征线法,并编著了《Fluid Transient》一书,书中对特征线法进行了系统的阐述。随着《Fluid Transient》一书译本的出版,我国也对特征线法展开了研究。特征线法具有稳定性强、易编程、使用范围广、计算精度高等优点,所以是求解压力管道水力瞬变最常用的方法。

特征线法的大概步骤:将水锤偏微分方程沿正、负特征线转化为常微分方程,再近似转化为差分方程,最后结合边界条件及初始参数即可进行求解。

3.3.2　特征线法解水锤基本方程

对于水锤基本方程可以进行以下简化:

$$\frac{\partial Q}{\partial t}+\frac{Q}{A}\frac{\partial Q}{\partial x}=\frac{\partial Q}{\partial t}\left(1+\frac{Q}{A}\frac{\partial Q/\partial x}{\partial Q/\partial t}\right)=\frac{\partial Q}{\partial t}\left(1+\frac{v}{\partial x/\partial t}\right)=\frac{\partial Q}{\partial t}\left(1+\frac{v}{a}\right)\approx\frac{\partial Q}{\partial t}(a>>v) \tag{3-3-29}$$

$$\frac{\partial H}{\partial t}+\frac{Q}{A}\frac{\partial H}{\partial x}=\frac{\partial H}{\partial t}\left(1+\frac{Q}{A}\frac{\partial H/\partial x}{\partial H/\partial t}\right)=\frac{\partial H}{\partial t}\left(1+\frac{v}{\partial x/\partial t}\right)=\frac{\partial H}{\partial t}\left(1+\frac{v}{a}\right)\approx\frac{\partial H}{\partial t}(a>>v) \tag{3-3-30}$$

此外,当只考虑因水锤而引起的压力水头变化时,则因几何高差而引起的压力水头变化可以忽略,即

$$v\frac{\partial Z}{\partial x} = v\sin\theta = \frac{Q}{A}\sin\theta = 0 \tag{3-3-31}$$

将式(3-3-29)代入式(3-3-27),将式(3-3-30)、式(3-3-31)代入式(3-3-28)化简得

运动方程：
$$\frac{\partial Q}{\partial t}+gA\frac{\partial H}{\partial x}+\frac{fQ|Q|}{2DA}=0 \tag{3-3-32}$$

连续方程：
$$gA\frac{\partial H}{\partial t}+a^2\frac{\partial Q}{\partial x}=0 \tag{3-3-33}$$

令
$$L_1=\frac{\partial Q}{\partial t}+gA\frac{\partial H}{\partial x}+\frac{fQ|Q|}{2DA}=0 \tag{3-3-34}$$

$$L_2 = gA\frac{\partial H}{\partial t} + a^2\frac{\partial Q}{\partial x} = 0 \tag{3-3-35}$$

假定一实数 λ 使
$$L_2=L_1+\lambda L_2=0 \tag{3-3-36}$$

化简，即

$$L = \left(\frac{\partial Q}{\partial t} + \lambda a^2\frac{\partial Q}{\partial x}\right) + gA\lambda\left(\frac{\partial H}{\partial t} + \frac{1}{\lambda}\frac{\partial H}{\partial x}\right) + \frac{fQ|Q|}{2DA} = 0 \tag{3-3-37}$$

$$\left.\begin{aligned}\frac{\mathrm{d}Q}{\mathrm{d}t} &= \frac{\partial Q}{\partial t} + \frac{\partial Q}{\partial x}\frac{\mathrm{d}x}{\mathrm{d}t}\\ \frac{\mathrm{d}H}{\mathrm{d}t} &= \frac{\partial H}{\partial t} + \frac{\partial H}{\partial x}\frac{\mathrm{d}x}{\mathrm{d}t}\end{aligned}\right\} \tag{3-3-38}$$

令
$$\frac{\mathrm{d}x}{\mathrm{d}t}=\lambda a^2=\frac{1}{\lambda} \tag{3-3-39}$$

将式(3-3-38)、式(3-3-39)代入式(3-3-37)得流量及压力的瞬时值。

3.4 初始条件

初始条件包括水泵稳态运行时水泵的流量 Q、扬程 H、效率 η、台数 $N_{台}$ 等水力要素。根据泵站不同的运行工况，利用相应的稳态计算数学模型，可以分别求出各水力要素的值，为水力过渡过程计算的初始值。同型号水泵定速运行时初始条件包括水泵的流量 Q、扬程 H、效率 η、台数 $N_{台}$ 等水力要素。

同型号水泵变速运行时初始条件包括在不同变速比下不同水泵的流量 Q_{ki}、扬程 H_{ki}、效率 η_{ki}、台数 $N_{台ki}$ 等水力要素。

$$L = \frac{\mathrm{d}Q}{\mathrm{d}t} + gA\lambda\frac{\mathrm{d}H}{\mathrm{d}t} + \frac{fQ|Q|}{2DA} = 0 \tag{3-3-40}$$

等式两边同时乘以 $\mathrm{d}t$ 并化简得

$$L = \mathrm{d}Q + gA\lambda\mathrm{d}H + \frac{fQ|Q|}{2DA}\mathrm{d}t = 0 \tag{3-3-41}$$

由式(3-3-39)可得：

$$\lambda = \pm\frac{1}{a},\frac{\mathrm{d}x}{\mathrm{d}t} = \pm a,\frac{\mathrm{d}t}{\mathrm{d}x} = \pm\frac{1}{a} \tag{3-3-42}$$

式(3-3-42)可看作 x—t 坐标系中两条斜率为$+\frac{1}{a}$和$-\frac{1}{a}$的直线,如图 3-3-3 所示。

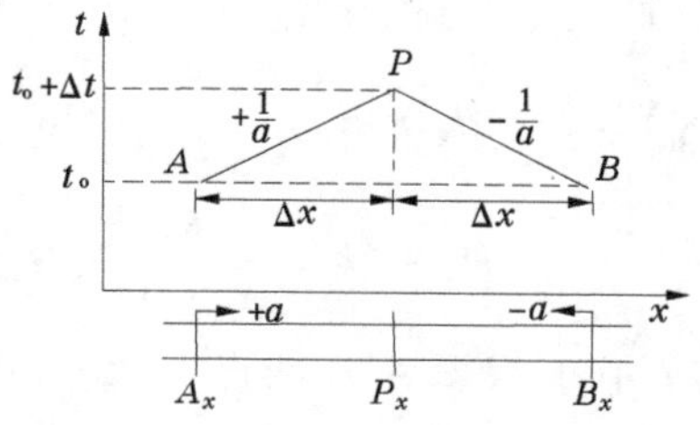

图 3-3-3　特征线法示意图

斜率为$+\frac{1}{a}$的直线即为正特征线,斜率为$-\frac{1}{a}$的直线即为负特征线,正、负特征线反映了水锤波在管道中的传递过程。

将式(3-3-42)分别代入式(3-3-40)、式(3-3-41)得到如下正、负特征线方程:

$$+a\begin{cases} L = \dfrac{\mathrm{d}Q}{\mathrm{d}t} + \dfrac{gA}{a}\dfrac{\mathrm{d}H}{\mathrm{d}t} + \dfrac{fQ|Q|}{2DA} = 0 \\ L = \mathrm{d}Q + \dfrac{gA}{a}\mathrm{d}H + \dfrac{fQ|Q|}{2DA}\mathrm{d}t = 0 \\ \dfrac{\mathrm{d}x}{\mathrm{d}t} = +a \end{cases} \tag{3-3-43}$$

$$-a\begin{cases} L = \dfrac{\mathrm{d}Q}{\mathrm{d}t} - \dfrac{gA}{a}\dfrac{\mathrm{d}H}{\mathrm{d}t} + \dfrac{fQ|Q|}{2DA} = 0 \\ L = \mathrm{d}Q - \dfrac{gA}{a}\mathrm{d}H + \dfrac{fQ|Q|}{2DA}\mathrm{d}t = 0 \\ \dfrac{\mathrm{d}x}{\mathrm{d}t} = -a \end{cases} \tag{3-3-44}$$

将式(3-3-43)沿正特征线(A 点~P 点)进行积分:

$$\int_{Q_A}^{Q_P}\mathrm{d}Q + \frac{gA}{a}\int_{H_A}^{H_P}\mathrm{d}H + \frac{fQ_A|Q_A|}{2DA}\int_{t_A}^{t_P}\mathrm{d}t = 0 \tag{3-3-45}$$

$$(Q_P - Q_A) + \frac{gA}{a}(H_P - H_A) + \frac{fQ_A|Q_A|}{2DA}(t_P - t_A) = 0 \tag{3-3-46}$$

$$Q_P + \frac{gA}{a}H_P = Q_A + \frac{gA}{a}H_A - \frac{fQ_A|Q_A|}{2DA}\Delta t \tag{3-3-47}$$

将式(3-3-44)沿负特征线(B 点~P 点)进行积分:

$$\int_{Q_B}^{Q_P}\mathrm{d}Q - \frac{gA}{a}\int_{H_B}^{H_P}\mathrm{d}H + \frac{fQ_B|Q_B|}{2DA}\int_{t_B}^{t_P}\mathrm{d}t = 0 \tag{3-3-48}$$

$$(Q_P - Q_B) - \frac{gA}{a}(H_P - H_B) + \frac{fQ_B|Q_B|}{2DA}(t_P - t_B) = 0 \tag{3-3-49}$$

$$Q_P - \frac{gA}{a}H_P = Q_B - \frac{gA}{a}H_B - \frac{fQ_B|Q_B|}{2DA}\Delta t \tag{3-3-50}$$

将式(3-3-47)、式(3-3-50)联立,即可推导出:

$$Q_P = \frac{1}{2}(Q_A + Q_B) + \frac{gA}{2a}(H_A - H_B) - \frac{f\Delta t}{4DA}(Q_A|Q_A| + Q_B|Q_B|) \tag{3-3-51}$$

$$H_P = \frac{a}{2gA}(Q_A - Q_B) + \frac{1}{2}(H_A + H_B) - \frac{fa\Delta t}{4gDA^2}(Q_A|Q_A| - Q_B|Q_B|) \tag{3-3-52}$$

由式(3-3-51)、式(3-3-52)可知,根据 A、B 两点在的 t_0 时刻的初始水力参数 Q_A、H_A、Q_B、H_B、计算时差 Δt 以及泵站相关基本参数,即可求出 $t_0+\Delta t$ 时刻 P 点的 Q_P、H_P。

在停泵水锤计算时,通常以 Δx 的长度将压力管路等分为 nn 段,则共有 $nn+1$ 个断面,利用特征线法即可求解不同断面在不同时刻的水力参数。以图 3-3-4 为例,将压力管路分为 7 段,共 8 个断面(0~7 断面)。

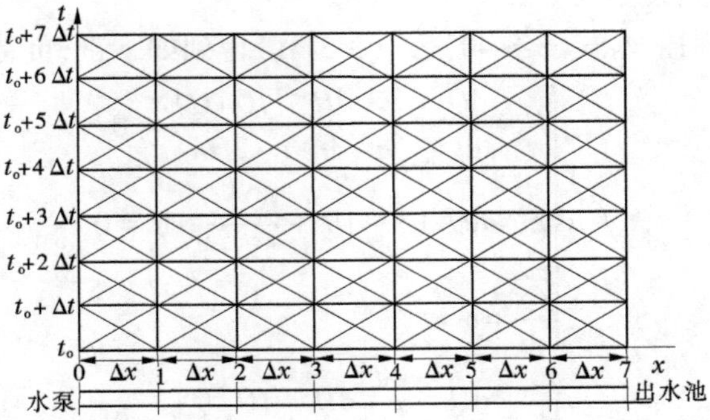

图 3-3-4　不同断面水锤值求解示意图

0~7 断面的水力参数计算过程:0 断面(首断面)的水力参数 Q、H 可用水泵边界条件与 0 断面的负、正特征线方程联立进行求解;7 断面(末断面)的水力参数 Q、H 可用出水池边界条件与 7 断面的正特征线方程联立进行求解;1~6 断面(中间断面)的水力参数 Q、H 可用正、负特征线方程及 0~7 断面的初始参数求解。

第4章　供水系统水锤数值模拟初始及边界条件的建立

4.1　不同型号水泵初始条件

不同型号水泵定速运行时初始条件包括额定扬程高的水泵的流量Q_i、扬程H_i、效率η_i、台数$N_{台i}$以及额定扬程低的水泵的流量Q_j、扬程H_j、效率η_j、台数$N_{台j}$等水力要素。

不同型号水泵变速运行时初始条件包括额定扬程高的水泵在不同变速比下不同水泵的流量Q_{ki}、扬程H_{ki}、效率η_{ki}、台数$N_{台ki}$以及额定扬程低的水泵在不同变速比下不同水泵的流量Q_{kj}、扬程H_{kj}、效率η_{kj}、台数$N_{台kj}$等水力要素。

各水力要素的初始值是水锤计算的前提，关乎水锤计算的准确性，因此求解泵站稳态初始值至关重要。

4.2　水泵边界条件

本书主要研究同型号水泵定速及不同型号水泵定速运行工况下的停泵水锤计算。根据本篇第3章的论述可知，利用水泵的边界条件和水泵出口(0断面)的负特征线方程即可求解水泵出口(0断面)的水力参数值，如图3-4-1所示。

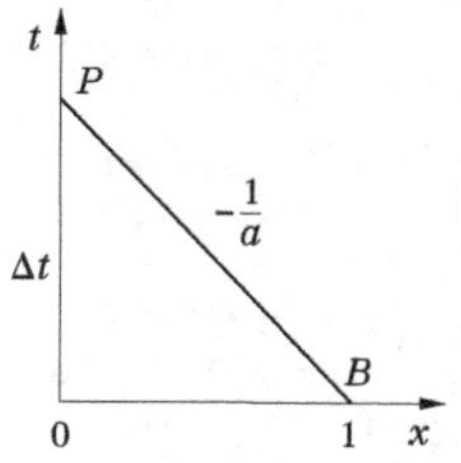

图3-4-1　断面水锤求解示意图

4.2.1　同型号定速运行水泵边界条件

4.2.1.1　水泵无量纲相似特性

泵的特性包括流量Q、扬程H、转速N、轴力矩M。在流量Q、转速N一定的情况下，扬程H、轴力矩M可以由水泵特性求出。

泵的轴力矩 M、轴功率 $N_{轴}$、角速度 ω 存在以下关系：

$$M=\frac{N_{轴}}{\omega}=\frac{N_{轴}}{\pi N/30} \tag{3-4-1}$$

再根据水泵的变速特性可推出以下相似关系：

$$\frac{Q_1}{Q_2}=\frac{n_1}{n_2},\frac{H_1}{H_2}=\left(\frac{n_1}{n_2}\right)^2,\frac{M_1}{M_2}=\left(\frac{n_1}{n_2}\right)^2 \tag{3-4-2}$$

无量纲形式：

$$q=\frac{Q}{Q_0},h=\frac{H}{H_0},m=\frac{M}{M_0},n=\frac{N}{N_0} \tag{3-4-3}$$

则式(3-4-2)可转化为

$$\frac{q}{n}=C_1,\frac{h}{n^2}=C_2,\frac{m}{n^2}=C_3 \tag{3-4-4}$$

以 C_1 为横坐标，C_2、C_3 为纵坐标，绘制曲线即可得到不同转速下 H—Q 的关系曲线以及 M—Q 的关系曲线。但由于在水锤发生过程中存在 $q=0$ 或 $n=0$ 的情况，Suter、Marchal、Flesh 提出了相应的变换，即

$$WH(x)=\frac{h}{q^2+n^2} \tag{3-4-5}$$

$$WB(x)=\frac{m}{q^2+n^2} \tag{3-4-6}$$

将水泵全特性曲线的四个象限每隔一定角度进行等分，则每条分角射线上各点均满足 $\tan x=\frac{q}{n}=$常数，即

$$x=\pi+\text{costan}\frac{n}{q} \tag{3-4-7}$$

式(3-4-5)、式(3-4-6)、式(3-4-7)对除 $q=n=0$ 外的实数都成立，以 x 为横坐标，WH、WB 为纵坐标，在 $x=0\sim2\pi$ 范围内即可绘出水泵的无量纲全特性曲线。

根据已知两点 x_i、x_{i+1} 的 $WH(x_i)$、$WH(x_{i+1})$、$WB(x_i)$、$WB(x_{i+1})$，用线性插值法求中间某点 x 对应的 $WH(x)$、$WB(x)$。

$$WH(x)=\frac{WH(x_{i+1})-WH(x_i)}{x_{i+1}-x_i}(x-x_i)+WH(x_i) \tag{3-4-8}$$

$$WB(x)=\frac{WB(x_{i+1})-WB(x_i)}{x_{i+1}-x_i}(x-x_i)+WB(x_i) \tag{3-4-9}$$

则

$$h_P=({q_P}^2+{n_P}^2)WH(x_P) \tag{3-4-10}$$

$$m_P=({q_P}^2+{n_P}^2)WB(x_P) \tag{3-4-11}$$

$$x_P=\pi+\text{costan}\frac{n_P}{q_P} \tag{3-4-12}$$

4.2.1.2　机组转动方程

机组转动方程为

$$J\frac{\mathrm{d}\omega}{\mathrm{d}t}=Mg-M \tag{3-4-13}$$

停泵水锤发生时，电机转矩 $Mg=0$，则式(3-4-13)化简为

$$J\frac{\mathrm{d}\omega}{\mathrm{d}t}=-M \tag{3-4-14}$$

$$J\frac{\omega_{0^2}}{N_{轴}}\frac{\mathrm{d}n}{\mathrm{d}t}=-m \tag{3-4-15}$$

对式(3-4-15)进行积分，化简得

$$n=n_{t0}-\frac{N_{轴}}{J\omega_0{}^2}\int_{t0}^{t}m\mathrm{d}t \tag{3-4-16}$$

将 m 在 $t=t_0(\Delta t=t-t_0)$ 用泰勒级数展开，并代入式(3-4-16)采用二阶近似，得：

$$n=n_{t0}-\frac{N_{轴}\Delta t}{J\omega_0{}^2}\left(m_{t0}+\frac{\dot{m}t0}{2}\Delta t\right) \tag{3-4-17}$$

$$n=n_{t0}-\frac{N_{轴}\Delta t}{2J\omega_0{}^2}(m_{t0}+m) \tag{3-4-18}$$

式(3-4-18)即为机组转动基本方程。

式中：J 为机组转动惯量，kg·m²；ω_0 为水泵额定状态下的角速度，rad/s；n_{t0}、m_{t0} 分别为 t_0 时刻的 n、m 值。则

$$n_P=n_{t0}-\frac{N_{轴}\Delta t}{2J\omega_0{}^2}(m_{t0}+m_P) \tag{3-4-19}$$

4.2.1.3　水泵出口负特征线方程

水泵出口负特征线方程为

$$Q_P-\frac{gA}{a}H_P=Q_1-\frac{gA}{a}H_1-\frac{fQ_1|Q_1|}{2DA}\Delta t \tag{3-4-20}$$

$$n_PQ_0-\frac{gA}{a}h_PH_0=Q_1-\frac{gA}{a}H_1-\frac{fQ_1|Q_1|}{2DA}\Delta t \tag{3-4-21}$$

式中：Q_1、H_1 为 t_0 时刻1断面的水力参数值。

4.2.1.4　水力参数求解

联立式(3-4-10)、式(3-4-12)、式(3-4-21)并化简得

$$R_1=n_PQ_0-\frac{gA}{a}(q_P{}^2+n_P{}^2)WH\left(\pi+\mathrm{costan}\frac{n_P}{q_P}\right)H_0-Q_1+\frac{gA}{a}H_1+\frac{fQ_1|Q_1|}{2DA}\Delta t=0 \tag{3-4-22}$$

联立式(3-4-11)、式(3-4-12)、式(3-4-19)并化简得

$$R_2=n_P-n_{t0}+\frac{N_{轴}\Delta t}{2J\omega_0{}^2}\left[(m_{t0}+(q_P{}^2+n_P{}^2)WB\left(\pi+\mathrm{costan}\frac{n_P}{q_P}\right)\right]=0 \tag{3-4-23}$$

在式(3-4-22)、式(3-4-23)中只有 n_P、q_P 两个未知数，联立式(3-4-22)、式(3-4-23)即

可求出 n_P、q_P，然后可求出 N_P、Q_P、H_P，即得到无阀情况下水泵流量、扬程和功率值。依次将不同时刻的 N_P、Q_P、H_P 代入特征线方程即可求出不同断面在不同时刻的 Q、H 值。

4.2.2 不同型号定速运行水泵边界条件

根据同型号水泵定速运行工况下的水泵边界条件可以推求出不同型号水泵定速运行工况下的水泵边界条件。

4.2.2.1 水泵无量纲相似特性

水泵无量纲特性如下：

$$h_{P1} = (q_{P1}^2 + n_{P1}^2)WH(x_{P1}) \tag{3-4-24}$$

$$m_{P1} = (q_{P1}^2 + n_{P1}^2)WB(x_{P1}) \tag{3-4-25}$$

$$x_{P1} = \pi + \mathrm{costan}\frac{n_{P1}}{q_{P1}} \tag{3-4-26}$$

$$h_{P2} = (q_{P2}^2 + n_{P2}^2)WH(x_{P2}) \tag{3-4-27}$$

$$m_{P2} = (q_{P2}^2 + n_{P2}^2)WB(x_{P2}) \tag{3-4-28}$$

$$x_{P2} = \pi + \mathrm{costan}\frac{n_{P2}}{q_{P2}} \tag{3-4-29}$$

4.2.2.2 机组转动方程

机组转动方程为

$$n_{P1} = n_{t01} - \frac{N_{轴}\Delta t}{2J\omega_0^2}(m_{t01} + m_{P1}) \tag{3-4-30}$$

$$n_{P2} = n_{t02} - \frac{N_{轴}\Delta t}{2J\omega_0^2}(m_{t02} + m_{P2}) \tag{3-4-31}$$

4.2.2.3 水泵出口负特征线方程

水泵出口负特征线方程为

$$n_{P1}Q_{01} - \frac{gA}{a}h_{P1}H_{01} = Q_1 - \frac{gA}{a}H_1 - \frac{fQ_1|Q_1|}{2DA}\Delta t \tag{3-4-32}$$

$$n_{P2}Q_{02} - \frac{gA}{a}h_{P2}H_{02} = Q_1 - \frac{gA}{a}H_1 - \frac{fQ_1|Q_1|}{2DA}\Delta t \tag{3-4-33}$$

4.2.2.4 水力参数求解

联立式(3-4-24)、式(3-4-26)、式(3-4-32)并化简得

$$R_{11} = n_{P1}Q_{01} - \frac{gA}{a}(q_{P1}^2 + n_{P1}^2)WH\left(\pi + \mathrm{costan}\frac{n_{P1}}{q_{P1}}\right)H_{01} - Q_1 + \frac{gA}{a}H_1 + \frac{fQ_1|Q_1|}{2DA}\Delta t = 0 \tag{3-4-34}$$

联立式(3-4-25)、式(3-4-26)、式(3-4-30)并化简得

$$R_{12} = n_{P1} - n_{t01} + \frac{N_{轴}\Delta t}{2J\omega_0^2}\left[m_{t01} + (q_{P1}^2 + n_{P1}^2)WB\left(\pi + \mathrm{costan}\frac{n_{P1}}{q_{P1}}\right)\right] = 0 \tag{3-4-35}$$

联立式(3-4-27)、式(3-4-29)、式(3-4-33)并化简得

$$R_{21}=n_{P2}Q_{02}-\frac{gA}{a}(q_{P2}{}^2+n_{P2}{}^2)WH\left(\pi+\text{costan}\frac{n_{P2}}{q_{P2}}\right)H_{02}-Q_1+\frac{gA}{a}H_1+\frac{fQ_1|Q_1|}{2DA}\Delta t=0 \quad (3\text{-}4\text{-}36)$$

联立式(3-4-28)、式(3-4-29)、式(3-4-31)并化简得

$$R_{22}=n_{P2}-n_{t02}+\frac{N_{轴}\Delta t}{2J\omega_0{}^2}\left[m_{t02}+(q_{P2}{}^2+n_{P2}{}^2)WB\left(\pi+\text{costan}\frac{n_{P2}}{q_{P2}}\right)\right]=0 \quad (3\text{-}4\text{-}37)$$

联立式(3-4-33)~式(3-4-37)即可求出 n_{P1}、q_{P1}、n_{P2}、q_{P2}，然后可求出不同水泵的 N_{P1}、Q_{P1}、H_{P1}、N_{P2}、Q_{P2}、H_{P2}。依次将不同时刻的 N_{P1}、Q_{P1}、H_{P1}、N_{P2}、Q_{P2}、H_{P2} 代入特征线方程即可求出不同断面不同时刻的 Q、H 值。

4.3　出水池边界条件

利用出水池的边界条件和管路出口断面(末断面)的正特征线方程即可求解管路出口断面(末断面)的水力参数值，如图 3-4-2 所示。

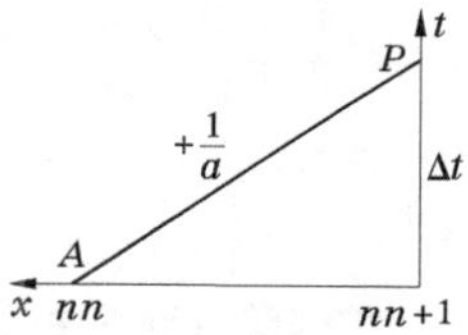

图 3-4-2　末断面水锤求解示意图

出水池水位作为一个固定值来考虑，因此出水池边界条件为

$$H_P=H_{出} \quad (3\text{-}4\text{-}38)$$

$nn+1$ 断面正特征线方程为

$$Q_P+\frac{gA}{a}H_P=Q_A+\frac{gA}{a}H_A-\frac{fQ_A|Q_A|}{2DA}\Delta t \quad (3\text{-}4\text{-}39)$$

将式(3-4-38)代入式(3-4-39)可求得

$$Q_P=-\frac{gA}{a}H_{出}+Q_A+\frac{gA}{a}H_A-\frac{fQ_A|Q_A|}{2DA}\Delta t \quad (3\text{-}4\text{-}40)$$

由式(3-4-38)、式(3-4-40)可求得不同时刻时末断面的水力参数 Q、H。

4.4　不同水锤防护措施的边界条件及数学模型

对于已建成的供水泵站工程，采用工程类措施进行水锤防护往往由于场地限制、技术难度高、费用昂贵等而搁浅，采用非工程类措施防护水锤具有很多优势。目前常用的非工程类防护措施有水锤消除器、液控蝶阀、缓闭止回阀、自闭式阀门、超压泄压阀、防爆膜、进排气阀、空气罐等。本书主要探讨液控蝶阀、超压泄压阀、进排气阀三种水锤防护措施。

4.4.1　液控蝶阀边界条件及数学模型

蝶阀又称翻板阀,是一种结构简单的调节阀,一般安装在水泵出口处。在停泵水锤发生时,通过调节蝶阀快关、慢关的关闭规律,来避免或减少水倒流、水泵倒转以及防止产生过大水锤压力。蝶阀的口径一般为水泵出口直径,液控蝶阀是蝶阀的一种。液控蝶阀通过液压系统控制阀门的关闭规律,并以可控性好、调节范围大、适应性强、水锤防护效果好等优点,在实际工程中得到广泛应用。

4.4.1.1　液控蝶阀关闭特性

液控蝶阀两阶段关闭特性如图 3-4-3 所示,三阶段关闭特性如图 3-4-4 所示。

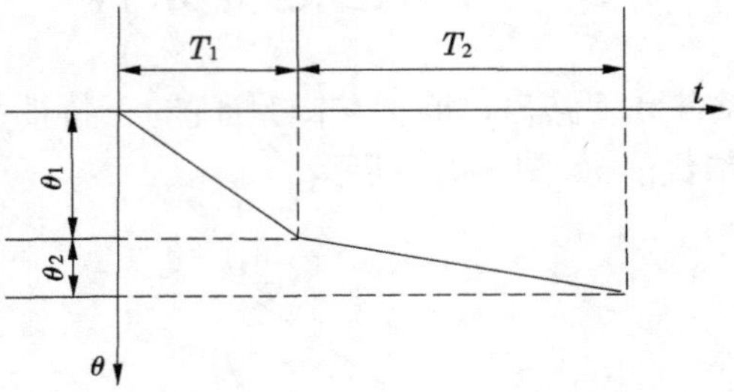

图 3-4-3　液控蝶阀两阶段关闭示意图

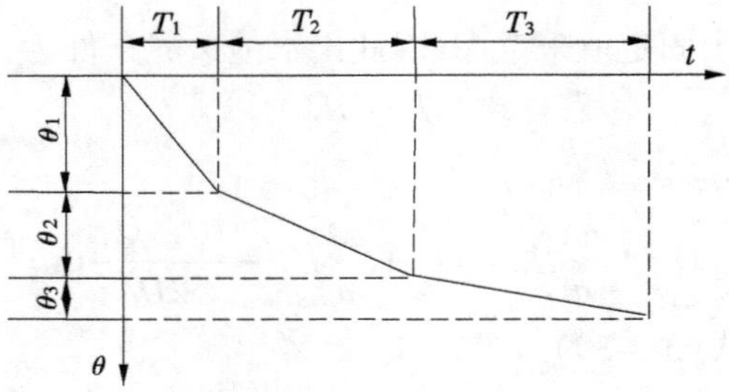

图 3-4-4　液控蝶阀三阶段关闭示意图

如图 3-4-3 所示,液控蝶阀第一阶段关闭时间为 T_1,第一阶段关闭角度为 θ_1,液控蝶阀第二阶段关闭时间为 T_2,第二阶段关闭角度为 θ_2,液控蝶阀两阶段关闭特性如下:

$$\theta = \begin{cases} \dfrac{\theta_1}{T_1} \times t & (0 \leqslant t \leqslant T_1) \\ \theta_1 + \dfrac{\theta_2}{T_2} \times (t - T_1) & (T_1 < t \leqslant T_1 + T_2) \\ \theta_1 + \theta_2 = 90^\circ & (t > T_1 + T_2) \end{cases} \tag{3-4-41}$$

如图 3-4-4 所示,液控蝶阀第一阶段关闭时间为 T_1,第一阶段关闭角度为 θ_1,液控蝶阀第二阶段关闭时间为 T_2，第二阶段关闭角度为 θ_2，液控蝶阀第三阶段关闭时间为 T_3，第三阶段关闭角度为 θ_3，液控蝶阀三阶段关闭特性如下：

$$\theta=\begin{cases}\dfrac{\theta_1}{T_1}\times t & (0\leqslant t\leqslant T_1)\\ \theta_1+\dfrac{\theta_2}{T_2}\times(t-T_1) & (T_1<t\leqslant T_1+T_2)\\ \theta_1+\theta_2+\dfrac{\theta_3}{T_3}\times(t-T_1-T_2) & (T_1+T_2<t\leqslant T_1+T_2+T_3)\\ \theta_1+\theta_2+\theta_3=90^\circ & (t>T_1+T_2+T_3)\end{cases} \tag{3-4-42}$$

4.4.1.2　**液控蝶阀阻力系数及水头损失**

液控蝶阀在不同关闭角度下都对应一个阻力系数，根据已知三组数据（θ_{i-1},ξ_{i-1}）、（θ_i,ξ_i）、（θ_{i+1},ξ_{i+1}），利用二次插值法可求区间 $[\theta_{i-1},\theta_{i+1}]$（$i\geqslant1$）中任意关闭角度 θ 下的阻力系数 $\xi_2(\theta)$。

$$l_{\xi i-1}(\theta)=\frac{(\theta-\theta_i)(\theta-\theta_{i+1})}{(\theta_{i-1}-\theta_i)(\theta_{i-1}-\theta_{i+1})} \tag{3-4-43}$$

$$\xi_2(\theta)=\sum_{i=1}^{3}\xi_{i-1}l_{\xi i-1}(\theta) \tag{3-4-44}$$

同理，可求得任意关闭角度 θ 下的阀门断面面积 $A_2(\theta)$。

$$A_2(\theta)=\sum_{i=1}^{3}A_{i-1}l_{Ai-1}(\theta) \tag{3-4-45}$$

不同关闭角度下蝶阀的水头损失为

$$\Delta H_P=\xi_2(\theta)\frac{{v_P}^2}{2g}=\xi_2(\theta)\frac{|Q_P|Q_P}{2gA_2(\theta)^2} \tag{3-4-46}$$

式中：ΔH_P 为液控蝶阀的水头损失，m。

4.4.1.3　**水泵水头平衡方程**

$$H_{P0}=H_S+H_P-\Delta H_P=H_S+H_P-\xi_2(\theta)\frac{|Q_P|Q_P}{2gA_2(\theta)^2} \tag{3-4-47}$$

$$Q_{P0}=Q_P \tag{3-4-48}$$

式中：H_{P0} 为该时刻末0断面扬程，m；Q_{P0} 为该时刻末0断面流量，m^3/s；H_S 为进水池水面在基准面以上高度，m；H_P 为该时刻末水泵扬程，m。

4.4.1.4　**负特征线方程及求解**

0断面负特征线方程：

$$Q_{P0}-\frac{gA}{a}H_{P0}=Q_1-\frac{gA}{a}H_1-\frac{fQ_1|Q_1|}{2DA}\Delta t \tag{3-4-49}$$

将式(3-4-23)、式(3-4-27)、式(3-4-28)、式(3-4-49)联立可求得 n_P、q_P，进而可求得 Q_P、H_P、N_P、Q_{P0}、H_{P0}。

4.4.1.5 液控蝶阀完全关闭状态

当液控蝶阀完全关闭后，$\theta=90°$，水泵 $q_P=0$，则 $x_P=\pi+\cot^{-1}\dfrac{q_P}{n_P}=90°$ 或 $270°$。若 $n_P>0$，则 $x_P=90°$；若 $n_P<0$，则 $x_P=270°$。

联立式(3-4-10)、式(3-4-11)、式(3-4-19)化简求得 n_P、h_P、m_P：

$$n_P=\frac{-1+\sqrt{1-\dfrac{2N_{轴}\Delta t}{J\omega_0}WB(x_P)\left(\dfrac{N_{轴}\Delta t}{2J\omega_0}m_{t0}-n_{t0}\right)}}{\dfrac{N_{轴}\Delta t}{J\omega_0}WB(x_P)} \tag{3-4-50}$$

$$h_P=WH(x_P)n_P^{\,2} \tag{3-4-51}$$

$$m_P=WB(x_P)n_P^{\,2} \tag{3-4-52}$$

4.4.2 超压泄压阀边界条件及数学模型

4.4.2.1 超压泄压阀工作特点及原理

超压泄压阀属于安全阀，一般通过支管与主管道相连，事先设定一定的界限压力，当压力超过规定值时阀门打开，通过卸掉一部分流量来降低管路压力，当压力降低到规定值以下时阀门关闭。超压泄压阀按作用原理分为直接作用式和先导式。前者是通过水流产生的作用力来打开阀门，后者是通过导阀排出的水流介质来控制主阀。超压泄压阀的安装口径、位置、数量一般经过水力计算确定，口径一般取主管道直径的1/5～1/4，界限压力一般应等于或大于最大正常使用压力加0.15～0.2 MPa。

4.4.2.2 超压泄压阀的边界条件

超压泄压阀在压力管路中的布置示意图如图3-4-5所示。

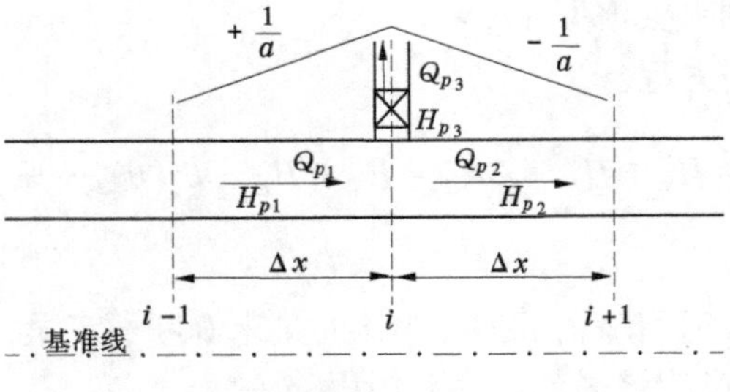

图3-4-5 超压泄压阀布置示意图

(1) $H_P \geqslant H_n$ 时：当 t_0 时刻压力管路压力 H_P 高于超压泄压阀设定压力 H_n 时，超压泄压阀开启，通过泄流减压。此时利用正、负特征线方程及超压泄压阀的边界条件，即可求解 $t_0+\Delta t$ 断面 i 的流量 Q_P、压力 H_P。

$$H_{P1}=H_{P2}=H_{P3} \tag{3-4-53}$$

$$Q_{P1}-Q_{P3}=Q_{P2} \tag{3-4-54}$$

$$Q_{P3} = C_d A_d \sqrt{2g(H_{P3} - H_a)} \tag{3-4-55}$$

超压泄压阀上下游两侧的正、负特征线方程：

$$Q_{P1} = -\frac{gA}{a}H_{P1} + Q_{i-1} + \frac{gA}{a}H_{i-1} - \frac{fQ_{i-1}|Q_{i-1}|}{2DA}\Delta t \tag{3-4-56}$$

$$Q_{P2} = \frac{gA}{a}H_{P2} + Q_{i+1} - \frac{gA}{a}H_{i+1} - \frac{fQ_{i+1}|Q_{i+1}|}{2DA}\Delta t \tag{3-4-57}$$

联立式(3-4-53)~式(3-4-56)，即可求得 H_{P1}、H_{P2}、H_{P3}、Q_{P1}、Q_{P2}、Q_{P3}。

(2)当 $H_P<H_n$ 时：当压力管路压力 H_P 低于超压泄压阀设定压力 H_n 时，超压泄压阀不开启，即 $Q_{P3}=0$，此时不泄流，只利用式(3-4-51)、式(3-4-52)、式(3-4-54)、式(3-4-55)，即可求解断面 i 的流量 Q_P、压力 H_P。

式中：H_{P1}、H_{P2}、H_{P3} 分别为阀上游、阀进口、阀下游压力，m；Q_{P1}、Q_{P2}、Q_{P3} 分别为阀上游流量、阀泄水流量、阀下游流量，m^3/s；Q_{i-1}、Q_{i+1}、H_{i-1}、H_{i+1} 分别为 $i-1$、$i+1$ 断面的流量(m^3/s)、压力(m)；H_a、C_d、A_d 分别为大气相对压力(m)、阀门流量系数、阀门开口面积(m^2)。

4.4.3　进排气阀边界条件及数学模型

4.4.3.1　进排气阀工作特点及原理

进排气阀是防止水锤发生时产生负压的阀门，当管道内压力低于大气压时，进行补气；当管道内压力高于大气压时，进行排气。按照功能和运行方式可以分为高压微量排气阀、低压高速进排气阀以及复合式进排气阀。进排气阀的选型应遵循“三点三线、区别选型、科学定量、控制流速”的原则，进排气阀安装的位置、口径也需要相应的水力计算。启动水泵时，通过进排气阀排出管道原有的气体及液体在流动过程中析出的气体；系统检修或排水时，通过进排气阀进行补气；正常运行及水锤发生时，进排气阀根据压力、温度变化进行补气、排气。进排气阀工作时，一般不允许液体外漏。

4.4.3.2　进排气阀边界条件及数学模型

1. 原进排气阀数学模型

最初沿用由 Wylie 和 Streeter 等提出的进排气阀数学模型，该模型有如下假设：

(1)空气是理想气体且等熵地流进流出阀门。

(2)管内空气的变化遵循等温规律。

(3)进入管内的空气留在可以排出的阀附近。

(4)流体表面高度基本不变。

1)空气以亚声速流入($0.528\,3<\frac{P}{P_a}<1$)($\rho_a=P_a/RT_a$)

$$\dot{m} = C_{in}A_{in}\sqrt{7P_a\ \rho_a\left[\left(\frac{P}{P_a}\right)^{1.428\,6} - \left(\frac{P}{P_a}\right)^{1.714\,3}\right]} \tag{3-4-58}$$

2)空气以临界速度流入($\frac{P}{P_a}\leqslant 0.528\,3$)

$$\dot{m} = 0.686C_{in}A_{in}\sqrt{P_a\rho_a} \tag{3-4-59}$$

3）空气以亚声速流出（$1<\frac{P}{P_a}<1.894$）（$\rho=P/RT$）

$$\dot{m}=-C_{out}A_{out}\sqrt{7P\rho\left[\left(\frac{P_a}{P}\right)^{1.4286}-\left(\frac{P_a}{P}\right)^{1.7143}\right]} \quad (3\text{-}4\text{-}60)$$

4）空气以临界速度流出（$\frac{P}{P_a}\geqslant 1.894$）

$$\dot{m}=-0.686C_{out}A_{out}\sqrt{P\rho} \quad (3\text{-}4\text{-}61)$$

式中：$\dot{m}$ 为空气质量流量，kg/s；C_{in}、C_{out} 分别为进气、排气流量系数；A_{in}、A_{out} 分别为进气、排气面积，m^2；ρ_a、ρ 为大气密度、空穴气体密度，kg/m^3；P_a、P 分别为管外大气压力、管内绝对压力，Pa；R 为气体常数，取 287.1 J/(kg · K)；T_a、T 分别为管外大气、管内液体（气体）绝对温度，K。

2. 改进的进排气阀数学模型

原进排气阀数学模型对管内空气做了遵循等温规律的假定，但由于空气压缩和膨胀的热传导性，该假设很难成立，因此假定进入管内的空气遵循多方程过程，即 PV^n = 常数，其中 n 为多方指数，$n=1.2\sim1.3$。

1）空气以亚声速流入（$0.5283<\frac{P}{P_a}<1$）

$$\dot{m}=C_{in}A_{in}\sqrt{7P_a\rho_a\left[\left(\frac{P}{P_a}\right)^{\frac{2}{n}}-\left(\frac{P}{P_a}\right)^{\frac{n+1}{n}}\right]} \quad (3\text{-}4\text{-}62)$$

2）空气以临界速度流入（$\frac{P}{P_a}\leqslant 0.5283$）

$$\dot{m}=0.528C_{in}A_{in}\frac{\sqrt{n}}{\sqrt{RT_a}}P_a \quad (3\text{-}4\text{-}63)$$

3）空气以亚声速流出（$1<\frac{P}{P_a}<1.894$）

$$\dot{m}=-C_{out}A_{out}P\sqrt{\frac{2}{RT}\left[\left(\frac{P_a}{P}\right)^{\frac{2}{n}}-\left(\frac{P_a}{P}\right)^{\frac{n+1}{n}}\right]} \quad (3\text{-}4\text{-}64)$$

4）空气以临界速度流出（$\frac{P}{P_a}\geqslant 1.894$）

$$\dot{m}=-0.528C_{out}A_{out}\frac{\sqrt{n}P}{\sqrt{RT}} \quad (3\text{-}4\text{-}65)$$

3. 进排气阀的边界条件

进排气阀在压力管路中的布置示意图如图 3-4-6 所示。

进排气阀两侧的正负特征线方程：

$$H_P=\frac{a}{gA}Q_{i-1}+H_{i-1}-\frac{afQ_{i-1}|Q_{i-1}|}{2gDA^2}\Delta t-\frac{a}{gA}Q_{Pi} \quad (3\text{-}4\text{-}66)$$

$$H_P=-\frac{a}{gA}Q_{i+1}+H_{i+1}+\frac{afQ_{i+1}|Q_{i+1}|}{2gDA^2}\Delta t+\frac{a}{gA}Q_{Pi} \quad (3\text{-}4\text{-}67)$$

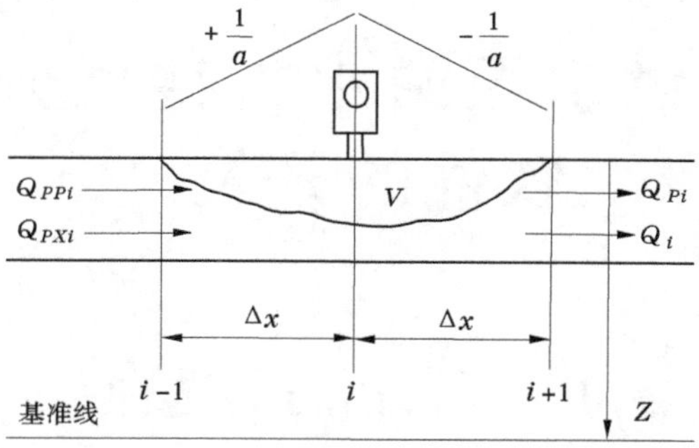

图 3-4-6　进排气阀布置示意图

$$H_P = \frac{P}{\gamma} + Z - H_a \tag{3-4-68}$$

当不存在空气及水压高于大气压时，进排气阀接头处的边界条件就是 H_{Pi}、Q_{Pi} 的一般的内截面解。当水头降到管线以下时，空气进入进排气阀，在空气排出之前，气体满足恒定内温的完善气体方程，即

$$PV = m_a RT \tag{3-4-69}$$

在 t 时刻，式(3-4-69)可以近似为

$$P[V_0+0.5\Delta t(Q_i-Q_{PXi}-Q_{PPi}+Q_{Pi})] = [m_{a0}+0.5\Delta t(\dot{m}_{a0}+\dot{m})]RT \tag{3-4-70}$$

将式(3-4-66)~式(3-4-68)代入式(3-4-70)得：

$$P\left\{V_0 + 0.5\Delta t\left[Q_i - Q_{PXi} - Q_{i-1} + Q_{i+1} - \frac{gA}{a}(H_{i-1} + H_{i+1}) + \frac{f\Delta t}{2DA}(Q_{i-1}|Q_{i-1}| - Q_{i+1}|Q_{i+1}|)\right] + \frac{gA\Delta t}{a}\left(\frac{P}{\gamma} + Z - H_a\right)\right\} = [m_{a0} + 0.5\Delta t(\dot{m}_{a0} + \dot{m})RT \tag{3-4-71}$$

式中：Q_{PXi}、Q_i 分别为 t_0 时刻流进、流出断面 i 的流量，m^3/s；Q_{PPi}、Q_{Pi} 分别为 t 时刻流进、流出断面 i 的流量，m^3/s；V、V_0 分别为空穴气体体积、t_0 时刻空穴气体体积，m^3；Z、γ、H_a 分别为空气阀的位置高程(m)、液体容重(N/m^3)、大气绝对压头(m)；m_{a0}、$\dot{m}_{a0}$、$\dot{m}$ 分别为 t_0 时刻空穴气体质量(kg)、t_0 时刻流入或流出空穴的气体质量流量(kg/s)、t 时刻流入或流出空穴的气体质量流量(kg/s)。

式(3-4-71)即为出现空穴时刻 t 时要解的方程。在式(3-4-71)中 P 是唯一未知参数，但由于气体质量流量的导数 $d\dot{m}/dP$ 不是连续的，求解困难。目前国内外普遍采用 Wylie、Streeter 提出的离散化方法求解，但计算复杂、收敛性较差，杨开林提出了一种新的求解方法。

第 5 章　供水泵站水力特性分析系统软件的开发

5.1　开发语言的选择

编程语言即为定义计算机程序的形式语言，目前的编程语言多种多样，较为普遍的有 Visual Basic、MATLAB、Delphi、Fortran、Visual C++、C++Builder 等语言。Visual Basic 以简单易学、具有可视化编辑能力、控件类型多、数据信息全部汉化等优点而得到广泛的应用。最终选择 Visual Basic 6.0 作为系统软件的开发语言。

5.2　数据库的选择

数据库即为以一定方式将数据信息存储起来，能够为多个用户共享、使用，并与应用程序相互独立的数据集合。目前数据库产品有 Oracle、Sybase、Microsoft SQL Server、Microsoft Access 等类型。Microsoft SQL Server 采用虚拟服务器模式，最初是由 Microsoft、Sybase、Ashton-Tate 三家公司共同开发的一个数据库管理系统。随着 Windows NT 版本的产生，Microsoft 专注于开发推广适应于 Windows NT 版本的 SQL Server，于是形成了现在的 Microsoft SQL Server。Microsoft SQL Server 数据库具有完全开放、可伸缩性、可扩展性、安全性强、性能高、操作简单、兼容性好等优点。

本系统选择 Visual Basic 6.0 为开发语言，选择 Microsoft SQL Server 2000 数据库作为辅助工具。

5.3　供水泵站水力特性分析系统软件

根据已建立的相关数学模型及边界条件，利用 Visual Basic 6.0 开发语言、Microsoft SQL Server 2000 数据库，开发“供水泵站水力特性分析系统”软件，为供水泵站的安全、经济运行及自动化系统的开发提供技术支持。

5.3.1　软件功能及主界面

该软件功能主要包括泵站同型号、不同型号水泵在定速或变速工况下的稳态计算，同型号、不同型号水泵在无阀以及液控蝶阀、进排气阀、超压泄压阀等不同水锤防护措施下的水力过渡过程计算，以及数据库的数据连接、备份、还原等。软件主界面及数据库界面如图 3-5-1、图 3-5-2 所示。

图 3-5-1　供水泵站水力特性分析系统主界面

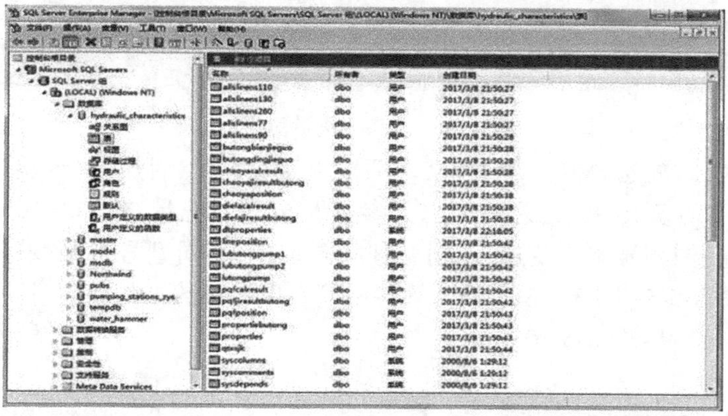

图 3-5-2　Microsoft SQL Server2000 数据库系统界面

5.3.2　稳态计算模块

稳态计算界面主要包括水泵特性参数录入、水头损失计算、各种工况下稳态计算、各种工况稳态计算结果等,稳态计算界面如图 3-5-3 所示。

图 3-5-3　稳态计算界面

水头损失计算主要是通过录入水泵、管路参数计算各段的沿程水头损失、局部水头损失、进出水支管及出水总管的损失系数 S。水头损失计算界面如图 3-5-4 所示。

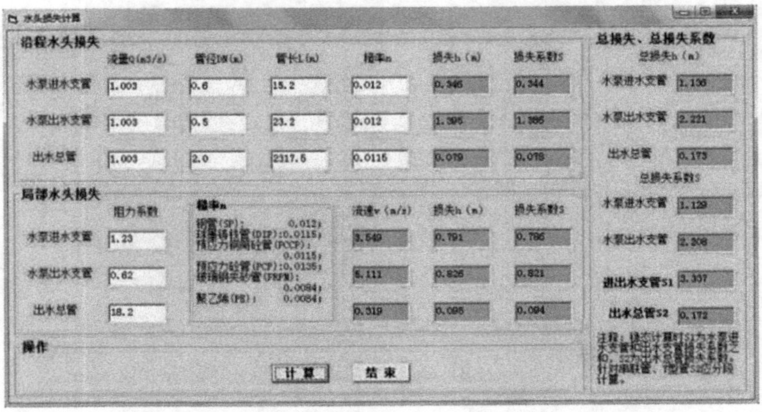

图 3-5-4　水头损失计算界面

稳态计算时，首先选择水泵参数、录入泵站相关参数，然后点击“计算”按钮进行水泵工作点计算，即可计算出单泵、泵站的水力参数及扬程与流量、效率与流量的拟合系数。同型号水泵定速、同型号水泵变速、不同型号水泵定速、不同型号水泵变速运行等工况稳态计算界面如图 3-5-5～图 3-5-8 所示。软件还可实现计算数据的保存、图形绘制、图形导出等功能，如图 3-5-9～图 3-5-10 所示。

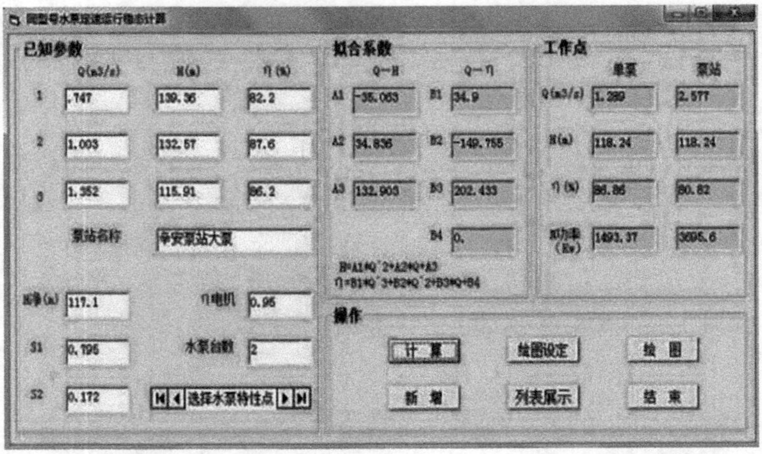

图 3-5-5　同型号水泵定速运行稳态计算界面

同型号水泵变速运行稳态计算可以计算同型号水泵分别在三种、两种、一种变速比下的水泵工作点。

不同型号水泵变速运行稳态计算可以计算不同型号水泵分别在两种、一种变速比下的水泵工作点。

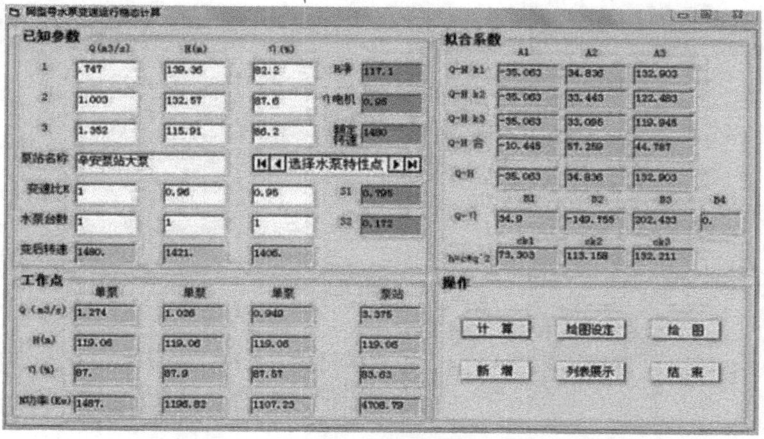

图 3-5-6　同型号水泵变速运行稳态计算界面

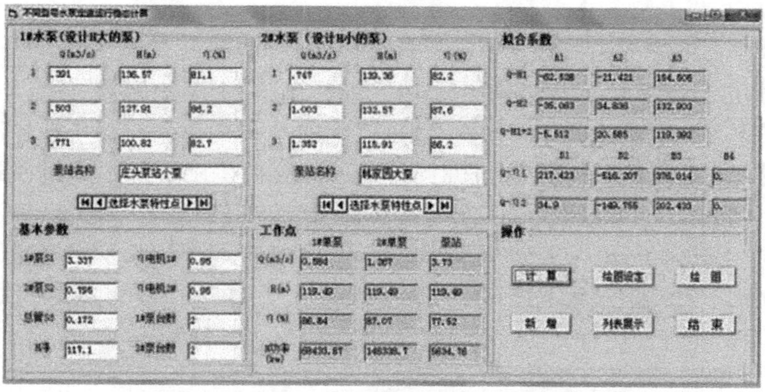

图 3-5-7　不同型号水泵定速运行稳态计算界面

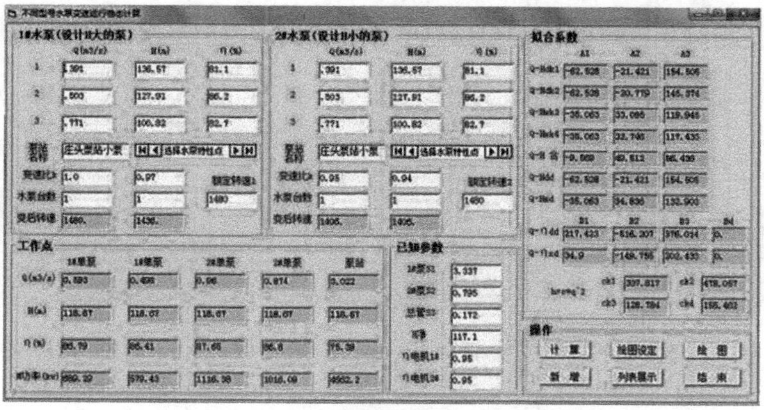

图 3-5-8　不同型号水泵变速运行稳态计算界面

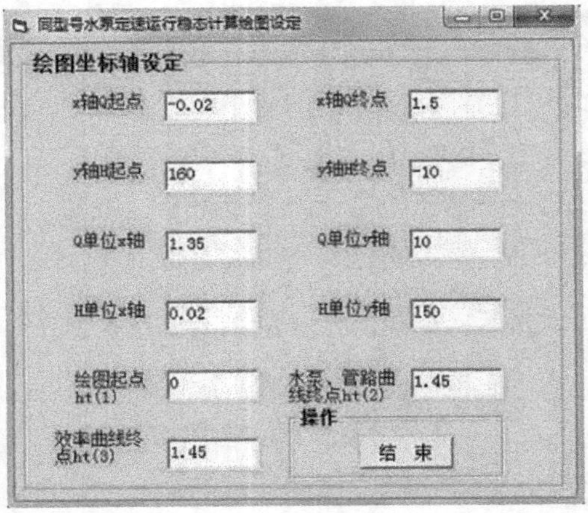

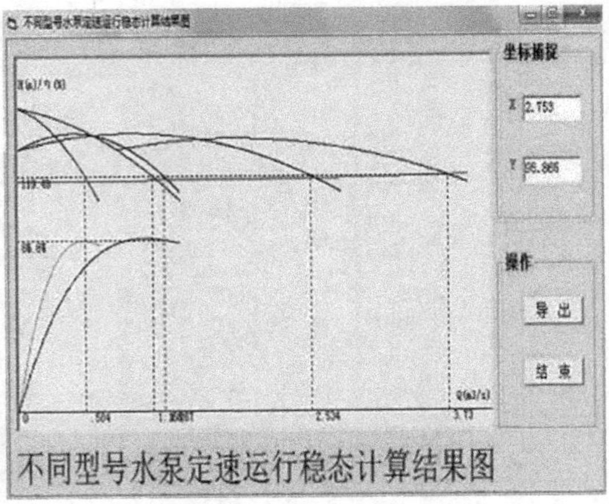

图 3-5-9　同型号水泵定速运行稳态计算绘图设定　图 3-5-10　不同型号水泵定速运行稳态计算结果图

5.3.3　水力过渡过程计算模块

水力过渡过程计算时，首先选择阀门曲线等分点数、水泵比转速，录入泵站管道特性参数、液控蝶阀的关闭时间和关闭角度、进排气阀的进排气系数和超压泄压阀口径、泄压临界值等参数，然后点击“计算”按钮进行不同水锤防护措施下的水力过渡过程计算，即可求出各水力参数。同/不同型号水泵定速无阀、同/不同型号水泵定速液控蝶阀、同/不同型号水泵定速进排气阀(液控蝶阀加进排气阀)、同/不同型号水泵定速超压泄压阀(液控蝶阀加进排气阀加超压泄压阀)等运行工况的水力过渡过程计算界面如图 3-5-11～图 3-5-18 所示。

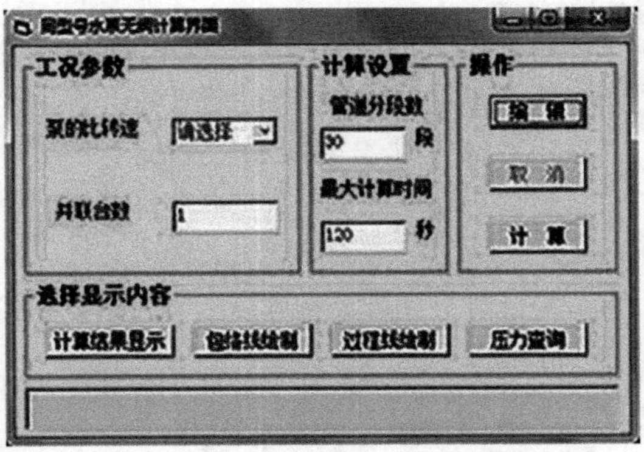

图 3-5-11　同型号水泵定速无阀运行水锤计算界面图

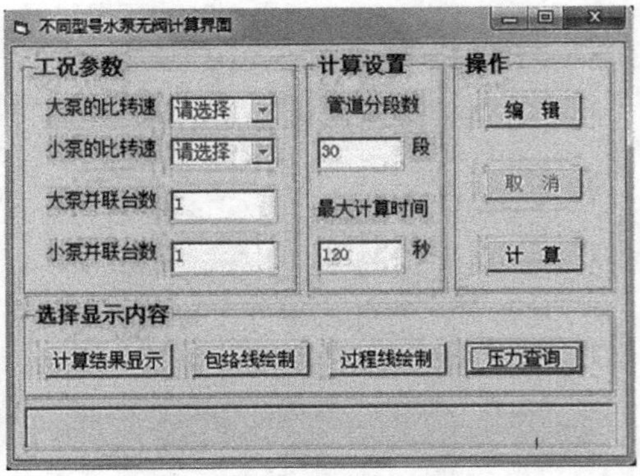

图 3-5-12　不同型号水泵定速无阀运行水锤计算界面

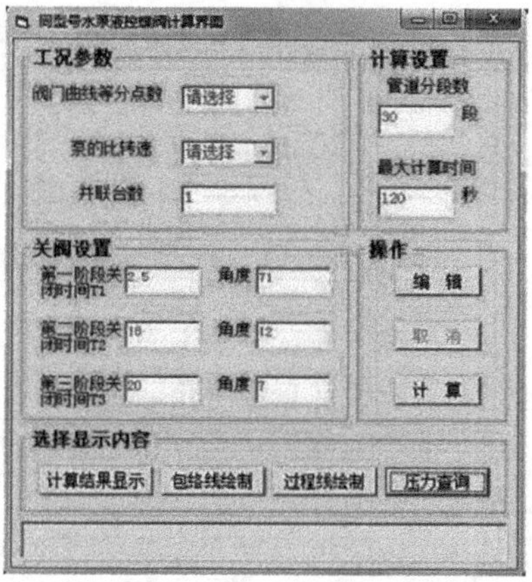

图 3-5-13　同型号水泵定速液控蝶阀运行水锤计算

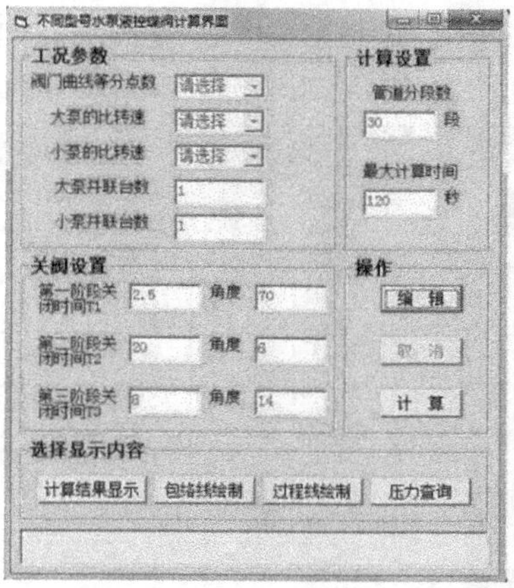

图 3-5-14　不同型号水泵定速液控蝶阀运行水锤计算

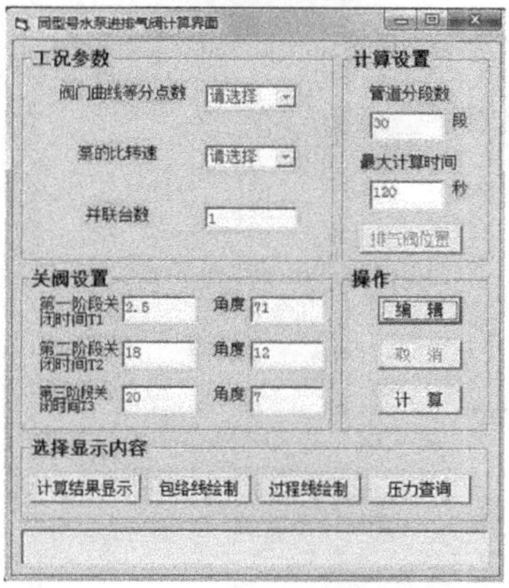

图 3-5-15　同型号水泵定速进排气阀运行水锤计算

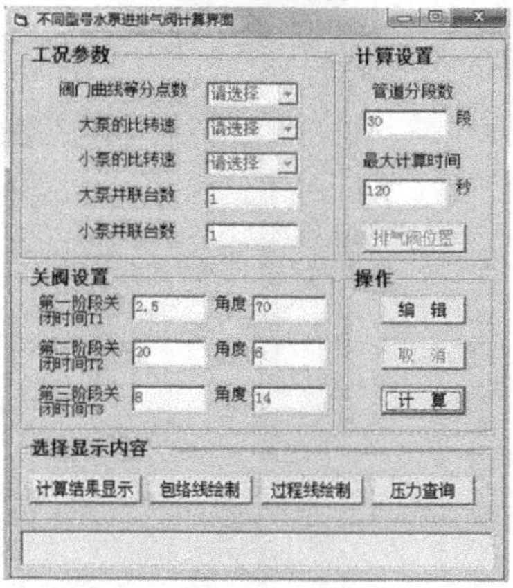

图 3-5-16　不同型号水泵定速进排气阀运行水锤计算界面

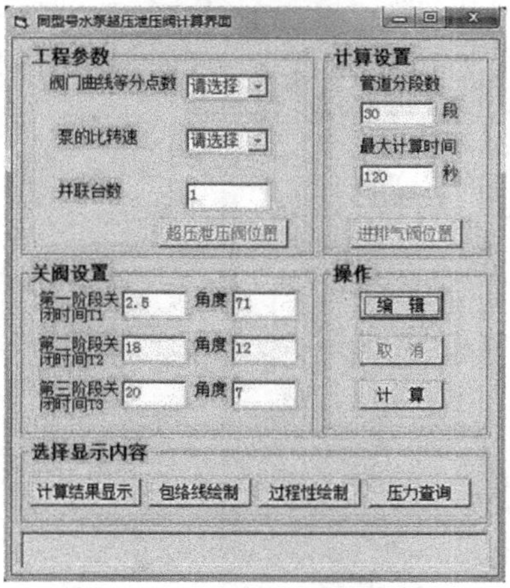

图 3-5-17　同型号水泵定速超压泄压阀水锤计算界面

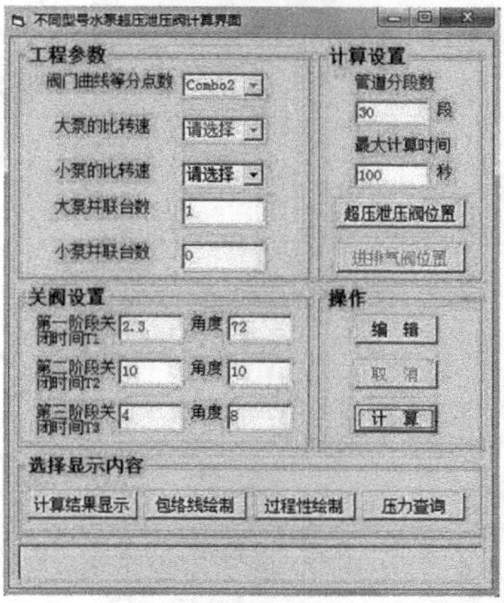

图 3-5-18　不同型号水泵定速超压泄压阀水锤计算界面

软件在不同计算工况下还可实现计算结果显示、包络线绘制、过程线绘制、压力查询等功能，相应界面如图 3-5-19～图 3-5-22 所示。

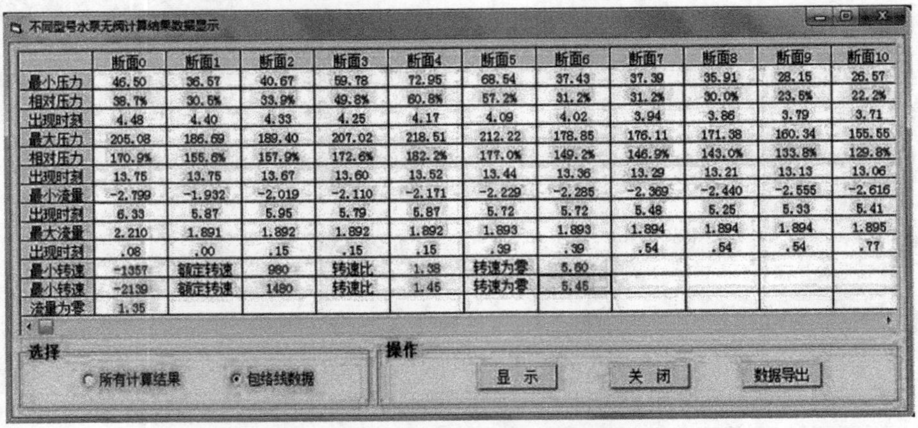

	断面0	断面1	断面2	断面3	断面4	断面5	断面6	断面7	断面8	断面9	断面10
最小压力	46.50	36.57	40.67	59.78	72.95	68.54	37.43	37.39	35.91	28.15	26.57
相对压力	38.7%	30.5%	33.9%	49.8%	60.8%	57.2%	31.2%	31.2%	30.0%	23.5%	22.2%
出现时刻	4.48	4.40	4.33	4.25	4.17	4.09	4.02	3.94	3.86	3.79	3.71
最大压力	205.08	186.69	189.40	207.02	218.51	212.22	178.85	176.11	171.38	160.34	155.55
相对压力	170.9%	155.6%	157.9%	172.6%	182.2%	177.0%	149.2%	146.9%	143.0%	133.8%	129.8%
出现时刻	13.75	13.75	13.67	13.60	13.52	13.44	13.36	13.29	13.21	13.13	13.06
最小流量	-2.799	-1.932	-2.019	-2.110	-2.171	-2.229	-2.285	-2.369	-2.440	-2.555	-2.616
出现时刻	6.33	5.87	5.95	5.79	5.87	5.72	5.72	5.48	5.25	5.33	5.41
最大流量	2.210	1.891	1.892	1.892	1.892	1.893	1.893	1.894	1.894	1.894	1.895
出现时刻	.08	.00	.15	.15	.15	.39	.39	.54	.54	.54	.77
最小转速	-1357	额定转速	980	转速比	1.38	转速为零	5.60				
最小转速	-2139	额定转速	1480	转速比	1.45	转速为零	5.45				
流量为零	1.35										

图 3-5-19　水锤计算结果显示界面

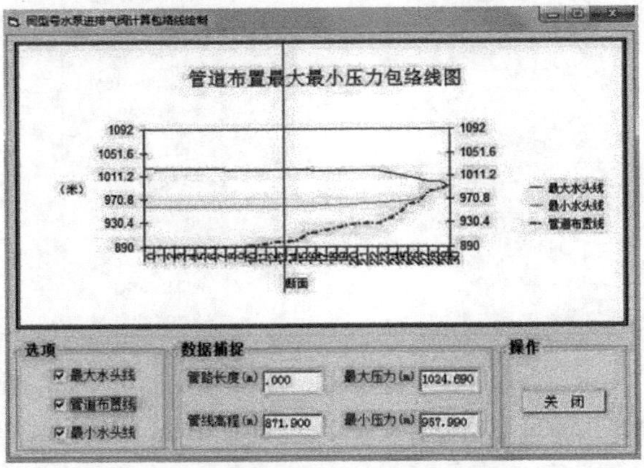

图 3-5-20　水锤包络线绘制界面

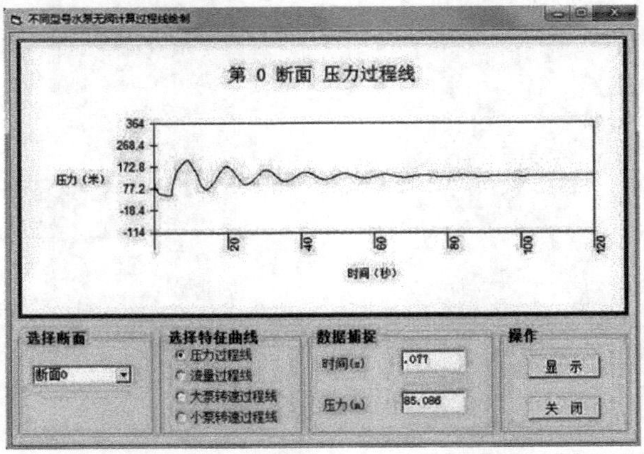

图 3-5-21　水锤过程线绘制界面

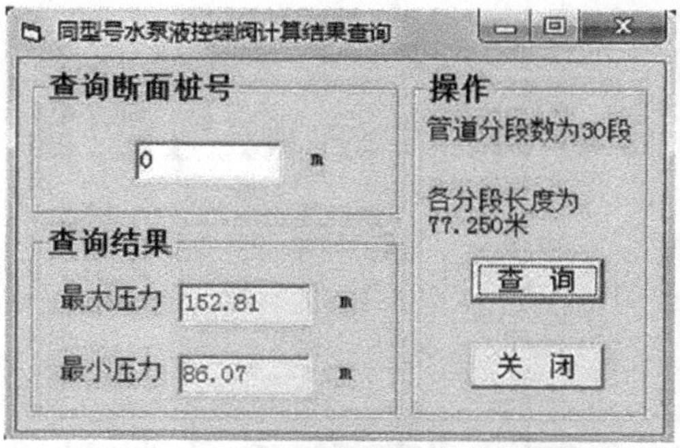

图 3-5-22　水锤计算结果查询界面

图 3-5-19 界面可实现显示所有水锤计算结果和包络线数据及实现数据的导出功能，方便数据的保存、查询和应用。

图 3-5-20 界面可绘制最大水头线、最小水头线、管道布置线及水锤包络线数据。

图 3-5-21 界面可绘制不同断面的压力过程线、流量过程线，以及不同水泵的转速过程线。

图 3-5-22 界面可查询不同断面的最大压力、最小压力。

第 6 章　结论与展望

根据建立的数学模型,开发了“供水泵站水力特性分析系统”,对郭壁供水工程新建及改建进行了数值模拟,主要结论如下所述。

6.1　新建一级泵站稳态特性分析

6.1.1　一台水泵运行时的稳态特性计算

泵站一台水泵运行,稳态计算结果见表 3-6-1。

表 3-6-1　一台 YXKK500-4 型泵不同扬程工况下稳态特性计算结果汇总

特征值	参数			
	设计扬程 H(231.48 m)		地形扬程 H(231 m)	
	单泵	泵站	单泵	泵站
工作流量 Q(m^3/s)	0.267	0.267	0.269	0.269
工作扬程 H(m)	231.535	231.535	231.055	231.055
效率 η(%)	79.409	75.421	79.528	75.534

相应的工作点示意图如图 3-6-1 所示。

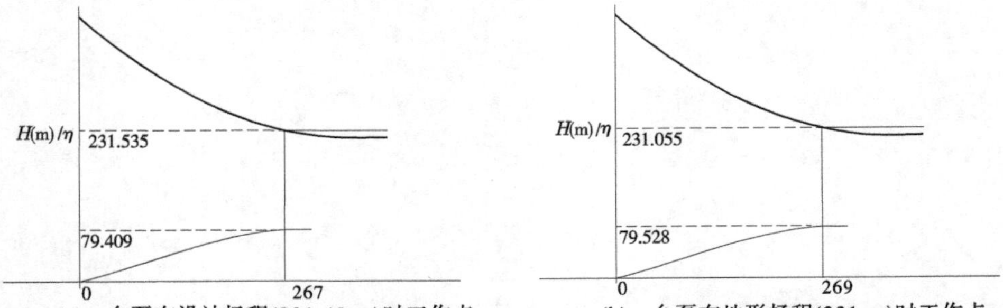

(a)一台泵在设计扬程(231.48 m)时工作点　　(b)一台泵在地形扬程(231 m)时工作点

图 3-6-1　相应的工作点示意图

6.1.2　新建一级泵站两台水泵向高位出水池供水时稳态特性分析

泵站二台水泵运行,稳态计算结果见表 3-6-2。

表 3-6-2　两台 YXKK500-4 型泵不同扬程工况下稳态特性计算结果汇总

特征值	参数			
	设计扬程 H(231.48 m)		地形扬程 H(231 m)	
	单泵	泵站	单泵	泵站
工作流量 Q(m^3/s)	0.267	0.533	0.269	0.537
工作扬程 H(m)	231.698	231.698	231.221	231.221
效率 η(%)	79.366	75.327	79.488	75.442

相应的工作点示意图如图 3-6-2 所示。

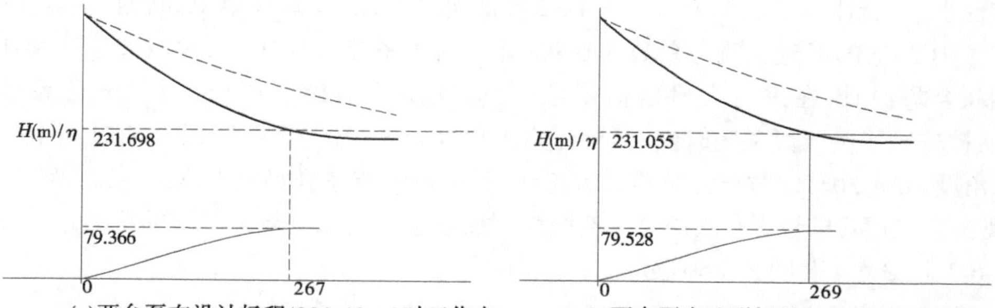

(a)两台泵在设计扬程(231.48 m)时工作点　(b)两台泵在地形扬程(231 m)时工作点

图 3-6-2　稳态特性工作点计算示意图

6.2　新建一级泵站停泵水力过渡过程计算

6.2.1　新建一级泵站向改造三级泵站蓄水池一台水泵供水时停泵水力过渡过程计算

一台泵运行时泵站停泵水力过渡过程计算包括无阀、液控蝶阀、液控蝶阀加进排气阀联合防护工况。计算结果见表 3-6-3。

表 3-6-3　泵站停泵水力过渡过程计算结果

运行工况	最大正压(m)	最大负压(m)	最大倒转转速(r/min)	转速为零时刻(s)	流量为零时刻(s)	额定压力(m)	倒转速与额定转速比	最大正压与额定压力的比值
无阀	258.72	−7.99	−1 749.6	1.1	0.3	231.48	−1.18	1.12
液控蝶阀	258.74	−7.99	−1 749.6	57	20	231.48	−1.18	1.12
液控蝶阀加进排气阀	265.47	−0.69	−1 750.2	57	20	231.48	−1.18	1.15

从表 3-6-3 中可以看出:阀门拒动作时,管路最大正压为 258. 72 m,接近额定压力的 1. 12 倍,满足相关规范要求;最大负压为-7. 99 m,不满足相关规范要求;水泵最大倒转转速为-1 749. 6 r/min,为额定转速的 1. 18 倍,满足相关规范要求。因此,综合考虑,需要采取两阶段液控蝶阀进行防护,以此来改善水泵最大正压、最大倒转转速及管路最大负压不利工况。

液控蝶阀防护时,快关阶段关闭时间 2~5 s,关闭角度 60°~70°,慢关阶段关闭时间 13~15 s,关闭角度 20°~30°,此时管路最大压力为 258. 74 m,接近额定压力 1. 12 倍,满足相关规范要求;但最大负压为-7. 99 m,出现在 10、11 断面,桩号为 0+340. 7、0+370. 2,不满足相关规范要求;水泵最大倒转转速-1 749. 6 r/min,为额定转速的 1. 18 倍,满足相关规范要求。因此,考虑在 10 断面增加进排气阀进行联合防护。

单台水泵运行时,加装 1 个口径为 DN200 的进排气阀,安装在第 10 断面,根据实际,安装桩号为 0+370. 2,进气流量系数为 0. 95,排气流量系数为 0. 05;两阶段液控蝶阀加进排气阀联合防护时,在进行大量数值模拟后,进气流量系数为 0. 95,排气流量系数为 0. 05,液控蝶阀快关阶段关闭时间 2~5 s,关闭角度 60°~70°,慢关阶段关闭时间 13~15 s,关闭角度 20°~30°,此时压力管路最大正压、最大倒转转速满足要求,最大负压为-0. 69 m,出现在 11 断面,桩号为 0+370. 2。液控蝶阀加进排气阀联合防护工况的压力包络线图如图 3-6-3、图 3-6-4 及图 3-6-5 所示。

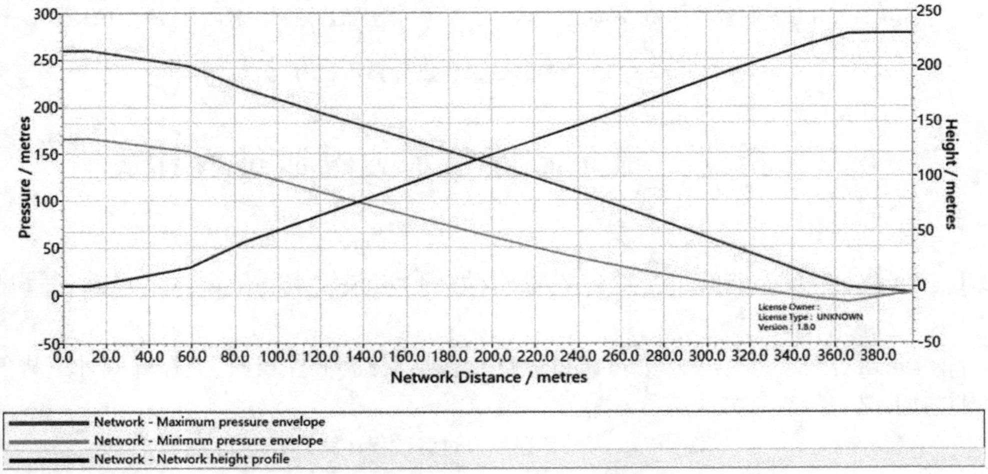

图 3-6-3 泵出口阀门拒动作工况

6.2.2 新建一级泵站向改造三级泵站蓄水池两台水泵供水时停泵水力过渡过程计算

两台泵运行时泵站停泵水力过渡过程计算包括无阀、液控蝶阀、液控蝶阀加进排气阀联合防护工况。计算结果见表 3-6-4。

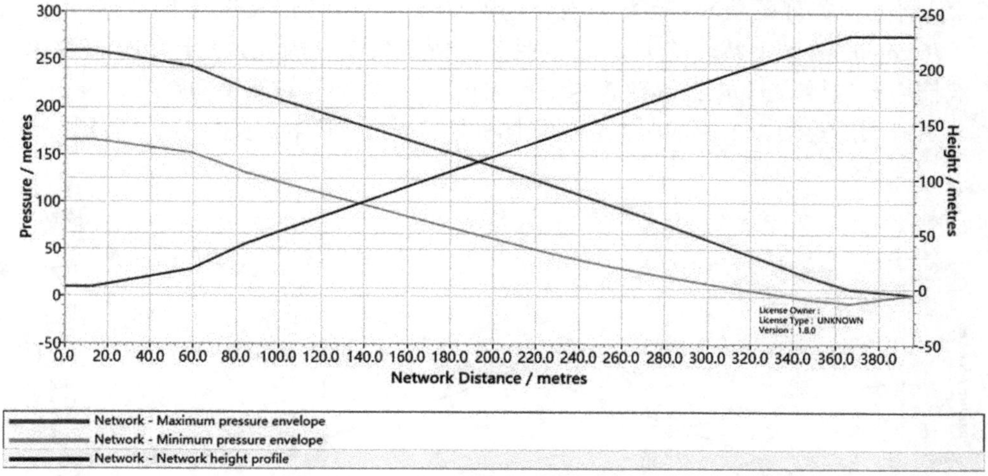

图 3-6-4　泵出口两阶段液控蝶阀关闭工况

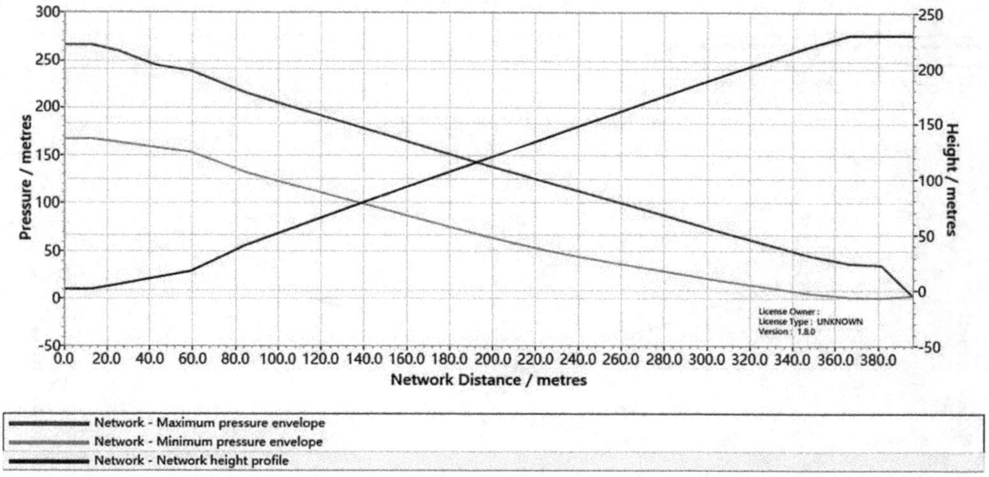

图 3-6-5　液控蝶阀加进排气阀联合防护工况

表 3-6-4　泵站停泵水力过渡过程计算结果

运行工况	最大正压（m）	最大负压（m）	最大倒转转速（r/min）	转速为零时刻（s）	流量为零时刻（s）	额定压力（m）	最大倒转转速与额转速的比值	最大正压与额定压力的比值
无阀	260.15	−12.28	−1 776	1.2	0.4	231.48	−1.2	1.12
液控蝶阀	260.14	−12.28	−1 776	1.2	0.4	231.48	−1.2	1.12
液控蝶阀加进排气阀	266.29	−0.075	−1 768.2	1.2	0.4	231.48	−1.19	1.15

从表 3-6-4 中可以看出：阀门拒动作时，管路最大正压为 260. 15 m，为额定压力的 1. 12 倍，满足相关规范要求；最大负压为-12. 28 m，不满足相关规范要求；最大倒转转速-1 776 r/min，为额定转速的 1. 2 倍，满足相关规范要求。因此，综合考虑，需要采取两阶段液控蝶阀进行防护，以此来改善水泵最大正压、最大倒转转速及管路最大负压不利工况。泵出口阀门拒动作工况的压力包络线图如图 3-6-6、图 3-6-7 及图 3-6-8 所示。

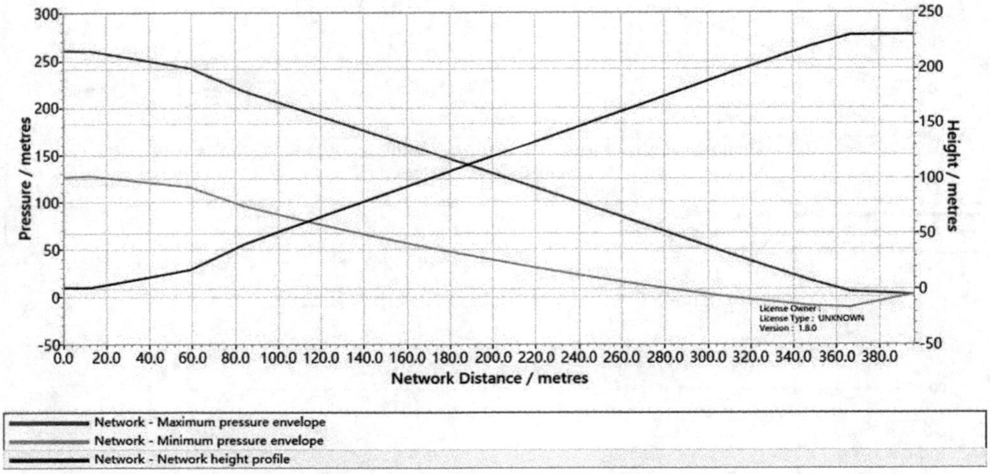

图 3-6-6　泵出口阀门拒动作工况

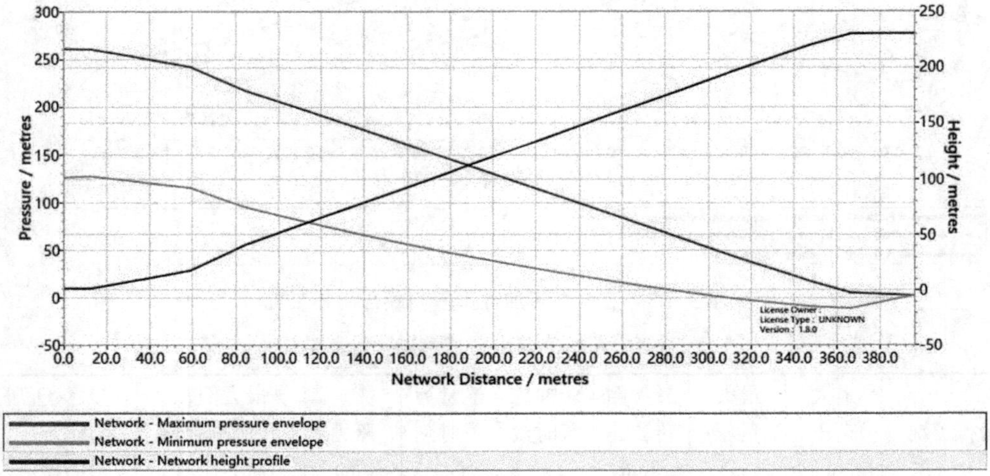

图 3-6-7　泵出口两阶段液控蝶阀关闭工况

液控蝶阀防护时，快关阶段关闭时间 2~5 s，关闭角度 60°~70°，慢关阶段关闭时间 13~15 s，关闭角度 20°~30°，此时管路最大压力为 260. 14 m，为额定压力的 1. 12 倍，满足相关规范要求；最大负压为-12. 28 m，出现在 10、11 断面，桩号分别为 0+340. 70、0+370. 20，负压偏大，不满足相关规范要求；水泵最大倒转转速-1 776 r/ min，为额定转速的 1. 2 倍，

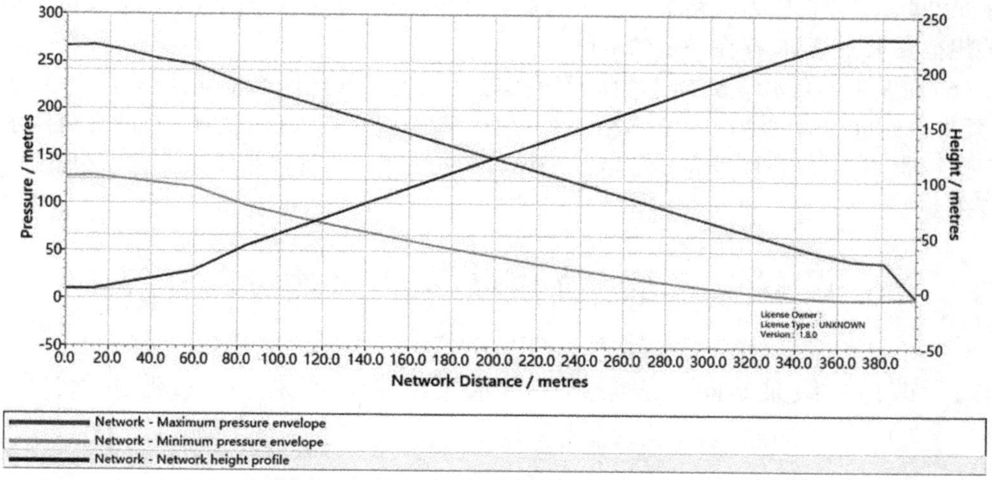

图 3-6-8　液控蝶阀加进排气阀联合防护工况

满足相关规范要求；两台水泵并联运行时，另加 1 个口径为 DN200 的进排气阀，安装在第 10 断面，根据实际，安装桩号为 0+340. 70，进气流量系数为 0. 95，排气流量系数为 0. 05。

两阶段液控蝶阀加进排气阀联合防护时，在进行大量数值模拟后，进气流量系数为 0. 95，排气流量系数为 0. 05，液控蝶阀快关阶段关闭时间 2~5 s，关闭角度 60°~70°，慢关阶段关闭时间 13~15 s，关闭角度 20°~30°，此时压力管路最大正压为 266. 29 m，为额定压力的 1. 15 倍，满足相关规范要求；最大倒转转速为-1 768. 2 r/min，为额定转速的 1. 19 倍，满足相关规范要求；最大负压为-0. 075 m，出现在 11 断面，桩号为 0+370. 20。

6.3　新建一级泵站稳态计算及泵站停泵水力过渡过程数值模拟结论

(1)新建一级泵站：一台、两台水泵向高位出水池供水时，水泵和泵站效率均较高，符合《泵站设计规范》(GB 50265—2010)的要求，由此说明水泵选型总体上是合理的。

(2)在压力管路设置了一定数量的排气阀，因此本工程的设计总体满足供水要求。

(3)供水系统投入正常运行后，由于进、出水池水位的变化，必然引起不同的稳态运行模式，在全系统稳态运行水力运行调度方式研究的基础上，为整个供水系统的自动化的合理及安全运行提供技术依据。

(4)一级泵站两台水泵向高位出水池供水，为该供水泵站最不利的工况；在发生停泵水锤泵出口阀门拒动作工况下，单泵及两台水泵并联运行时，压力管路最大正压和最大倒转转速满足相关规范要求，最大负压不满足相关规范要求；在发生停泵水锤泵出口两阶段液控蝶阀优化关闭工况下，单泵及两台水泵并联运行时，压力管路最大正压和最大倒转转速满足相关规范要求，最大负压不满足相关规范要求。

(5)在发生停泵水锤泵出口两阶段液控蝶阀加进排气阀联合防护工况下,单泵及两台水泵并联运行时,压力管路最大正压和最大倒转转速满足相关规范要求,最大负压满足相关规范要求,但还是存在一定的负压。

(6)在发生停泵水锤泵出口两阶段液控蝶阀加进排气阀联合防护工况下,单泵运行时,泵出口处桩号为0+340.7、0+370.2的断面,管段负压较大,建议加强防护;两台水泵并联运行时,泵出口处桩号为0+340.70、0+370.20的断面,管段负压较大,建议加强防护及管理。

6.4 改造一级泵站停泵水力过渡过程计算

6.4.1 改造一级泵站向二级泵站一台水泵供水时停泵水力过渡过程计算

一台泵运行时泵站停泵水力过渡过程计算包括无阀、液控蝶阀、液控蝶阀加进排气阀联合防护工况。现将无阀运行工况、液控蝶阀运行工况计算结果列于表3-6-5。

表3-6-5 泵站停泵水力过渡过程计算结果

运行工况	最大正压(m)	最大负压(m)	最大倒转转速(r/min)	转速为零时刻(s)	流量为零时刻(s)	额定压力(m)	最大倒转转速与额转速的比值	最大正压与额定压力的比值
无阀	125.25	无	-1 697.9	2.5	0.7	121.09	-1.147	1.034
液控蝶阀	147.00	无	-1 697.5	2.5	0.7	121.09	-1.147	1.214

从表3-6-5中可以看出:阀门拒动作时,管路最大正压为125.25 m,接近额定压力的1.034倍,满足相关规范要求;无负压,满足相关规范要求;水泵最大倒转转速-1 697.9 r/min,为额定转速的1.147倍,满足相关规范要求。因此,综合考虑,需要采取两阶段液控蝶阀进行防护,以此来改善水泵最大正压、最大倒转转速及管路最大负压不利工况。泵出口阀门拒动作工况的压力包络线图如图3-6-9所示。液控蝶阀防护时,快关阶段关闭时间3~5 s,关闭角度70°~75°,慢关阶段关闭时间13~20 s,关闭角度25°~30°,此时管路最大压力为147.00 m,接近额定压力的1.214倍,满足相关规范要求,无负压,满足相关规范要求,水泵最大倒转转速-1 697.5 r/min,为额定转速的1.147倍,满足相关规范要求。综合考虑数值模拟结果,管路根据规范增加进排气阀进行联合防护。泵出口两阶段液控蝶阀关闭工况的压力包络线图如图3-6-10所示。在进行大量数值模拟后,液控蝶阀快关阶段关闭时间3~5 s,关闭角度70°~75°,慢关阶段关闭时间13~20 s,关闭角度25°~30°,此时压力管路最大正压、最大倒转转速满足要求。

6.4.2 改造一级泵站向二级泵站两台水泵供水时停泵水力过渡过程计算

两台泵运行时泵站停泵水力过渡过程计算包括无阀、液控蝶阀、液控蝶阀加进排气阀联合防护工况。现将无阀运行工况、液控蝶阀运行工况计算结果列于表3-6-6。

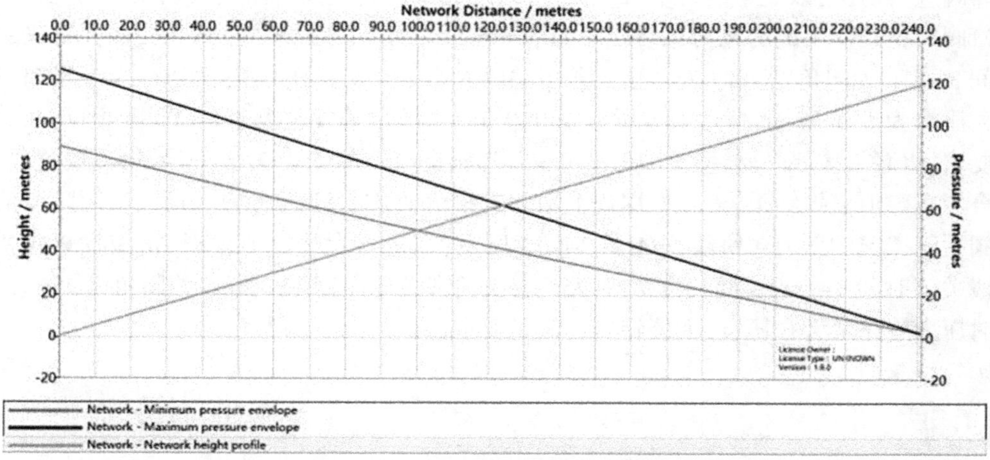

图 3-6-9　泵出口阀门拒动作工况

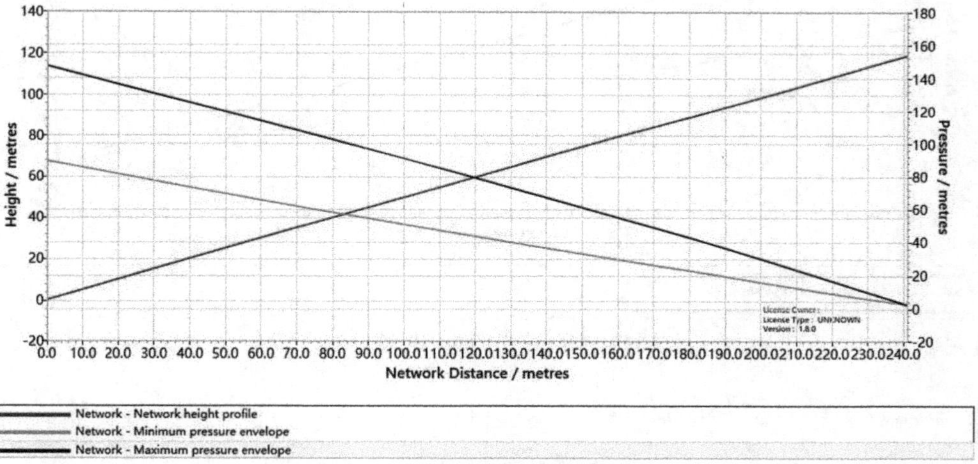

图 3-6-10　泵出口两阶段液控蝶阀关闭工况

表 3-6-6　泵站停泵水力过渡过程计算结果

运行工况	最大正压（m）	最大负压（m）	最大倒转转速（r/min）	转速为零时刻（s）	流量为零时刻（s）	额定压力（m）	最大倒转转速与额转速的比值	最大正压与额定压力的比值
无阀	129.45	无	−1 719.9	2.7	1	121.09	−1.162	1.069
液控蝶阀	179.17	无	−1 719.3	2.7	1	121.09	−1.162	1.480

从表 3-6-6 中可以看出：阀门拒动作时，管路最大正压为 129.45 m，接近额定压力的 1.069 倍，满足相关规范要求；无负压，满足相关规范要求；水泵最大倒转转速−1 719.9

r/min,为额定转速的 1. 162 倍,满足相关规范要求。因此,综合考虑,需要采取两阶段液控蝶阀进行防护,以此来改善水泵最大正压、最大倒转转速及管路最大负压不利工况。泵出口阀门拒动作工况的压力包络线图如图 3-6-11 所示。液控蝶阀防护时,快关阶段关闭时间 3~5 s,关闭角度 70°~75°,慢关阶段关闭时间 13~20 s,关闭角度 25°~30°,此时管路最大压力为 179. 17 m,接近额定压力 1. 480 倍,满足相关规范要求,无负压,满足相关规范要求,水泵最大倒转转速-1 719. 3 r/min,为额定转速的 1. 162 倍,满足相关规范要求。综合考虑数值模拟结果,管路根据规范增加进排气阀进行联合防护。泵出口两阶段液控蝶阀关闭工况的压力包络线图如图 3-6-12 所示;在进行大量数值模拟后,液控蝶阀快关阶段关闭时间 3~5 s,关闭角度 70°~75°,慢关阶段关闭时间 13~20 s,关闭角度 25°~30°,此时压力管路最大正压、最大倒转转速满足要求。

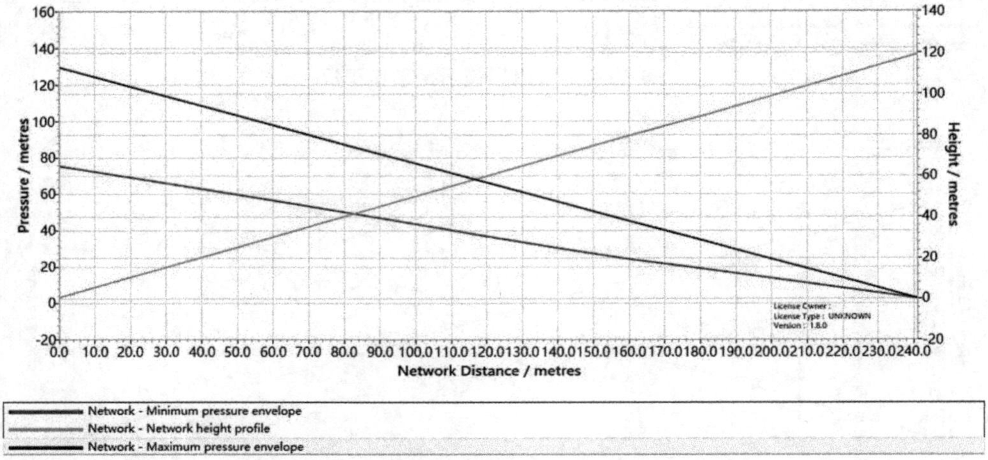

图 3-6-11　泵出口阀门拒动作工况

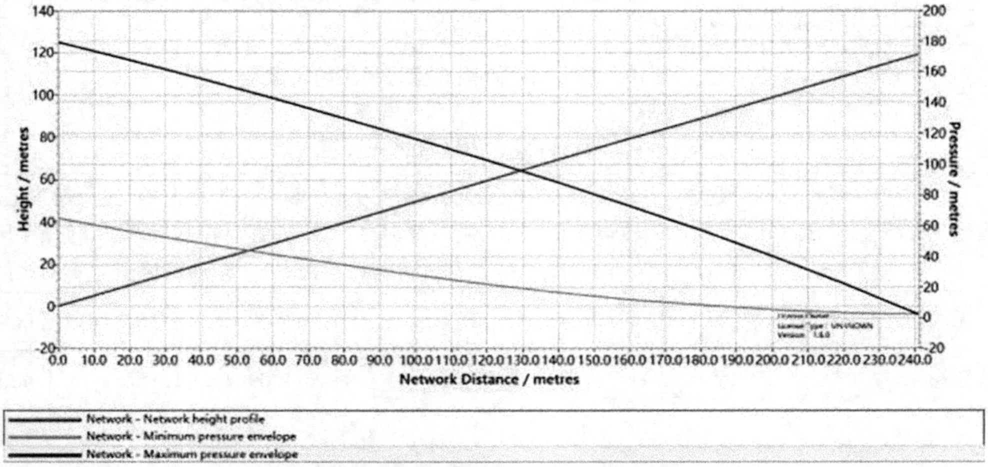

图 3-6-12　泵出口两阶段液控蝶阀关闭工况

6.5　改造二级泵站停泵水力过渡过程计算

6.5.1　改造二级泵站向三级泵站一台水泵供水时停泵水力过渡过程计算

一台泵运行时泵站停泵水力过渡过程计算包括无阀、液控蝶阀、液控蝶阀加进排气阀联合防护工况。现将无阀运行工况、液控蝶阀运行工况下计算结果列于表 3-6-7。

表 3-6-7　泵站停泵水力过渡过程计算结果

运行工况	最大正压（m）	最大负压（m）	最大倒转转速（r/min）	转速为零时刻（s）	流量为零时刻（s）	额定压力（m）	最大倒转转速与额转速的比值	最大正压与额定压力的比值
无阀	126.11	无	−1 798.8	2.6	0.7	121.54	−1.148	1.038
液控蝶阀	152.22	无	−1 698.4	2.6	0.8	121.54	−1.148	1.252

从表 3-6-7 中可以看出：阀门拒动作时，管路最大正压为 126.11 m，接近额定压力的 1.038 倍，满足相关规范要求；无负压，满足相关规范要求；水泵最大倒转转速−1 798.8 r/min，为额定转速的 1.148 倍，满足相关规范要求。因此，综合考虑，需要采取两阶段液控蝶阀进行防护，以此来改善水泵最大正压、最大倒转转速及管路最大负压不利工况。泵出口阀门拒动作工况的压力包络线图如图 3-6-13 所示。液控蝶阀防护时，快关阶段关闭时间 3～5 s，关闭角度 70°～75°，慢关阶段关闭时间 13～20 s，关闭角度 25°～30°，此时管路最大压力为 152.22 m，接近额定压力的 1.252 倍，满足相关规范要求；无负压，满足相关规范要求；水泵最大倒转转速−1 698.4 r/min，为额定转速的 1.148 倍，满足相关规范要求。综合考虑数值模拟结果，管路根据规范增加进排气阀进行联合防护。泵出口两阶段液控蝶阀关闭工况的压力包络线图如图 3-6-14 所示；在进行大量数值模拟后，液控蝶阀快关阶段关闭时间 3～5 s，关闭角度 70°～75°，慢关阶段关闭时间 13～20 s，关闭角度 25°～30°，此时压力管路最大正压、最大倒转转速满足要求。

6.5.2　改造二级泵站向三级泵站两台水泵供水时停泵水力过渡过程计算

一台泵运行时泵站停泵水力过渡过程计算包括无阀、液控蝶阀、液控蝶阀加进排气阀联合防护工况。现将无阀运行工况、液控蝶阀运行工况下计算结果列于表 3-6-8。

从表 3-6-8 中可以看出：阀门拒动作时，管路最大正压为 131.77 m，接近额定压力的 1.084 倍，满足相关规范要求；无负压，满足相关规范要求；水泵最大倒转转速−1 731.5 r/min，为额定转速的 1.169 倍，满足相关规范要求。因此，综合考虑，需要采取两阶段液控蝶阀进行防护，以此来改善水泵最大正压、最大倒转转速及管路最大负压不利工况。泵出口阀门拒动作工况的压力包络线图如图 3-6-15 所示。液控蝶阀防护时，快关阶段关闭

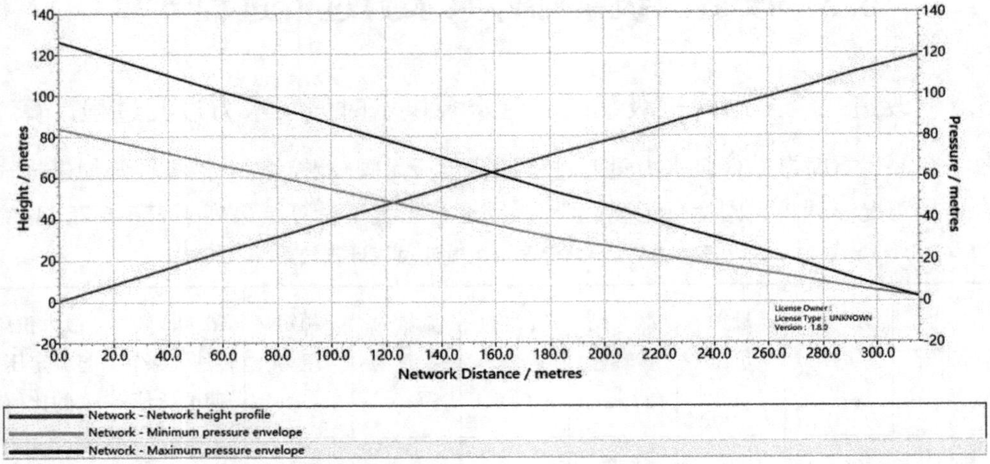

图 3-6-13　泵出口阀门拒动作工况

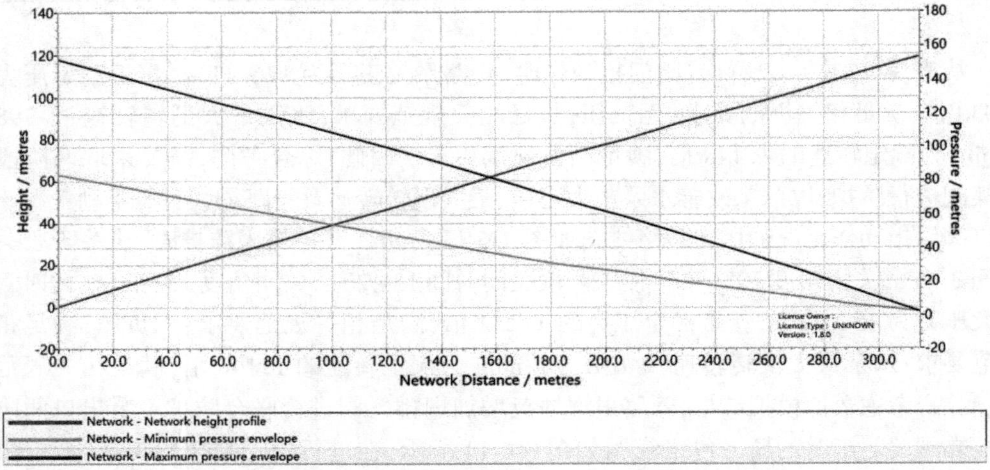

图 3-6-14　泵出口两阶段液控蝶阀关闭工况

表 3-6-8　泵站停泵水力过渡过程计算结果

运行工况	最大正压(m)	最大负压(m)	最大倒转转速(r/min)	转速为零时刻(s)	流量为零时刻(s)	额定压力(m)	最大倒转转速与额转速的比值	最大正压与额定压力的比值
无阀	131.77	无	-1 731.5	2.9	1.1	121.54	-1.169	1.084
液控蝶阀	174.28	无	-1 730.1	2.9	1.1	121.54	-1.169	1.434

时间 3～5 s，关闭角度 80°～85°，慢关阶段关闭时间 13～20 s，关闭角度 15°～20°，此时管路

最大压力为 174.28 m,接近额定压力的 1.434 倍,满足相关规范要求;管路无负压,满足相关规范要求;水泵最大倒转转速-1 730.1 r/min,为额定转速的 1.169 倍,满足相关规范要求。综合考虑数值模拟结果,管路根据规范增加进排气阀进行联合防护。泵出口两阶段液控蝶阀关闭工况的压力包络线图如图 3-6-16 所示。在进行大量数值模拟后,液控蝶阀快关阶段关闭时间 3~5 s,关闭角度 80°~85°;慢关阶段关闭时间 13~20 s,关闭角度 15°~20°,此时压力管路最大正压、最大倒转转速满足要求。

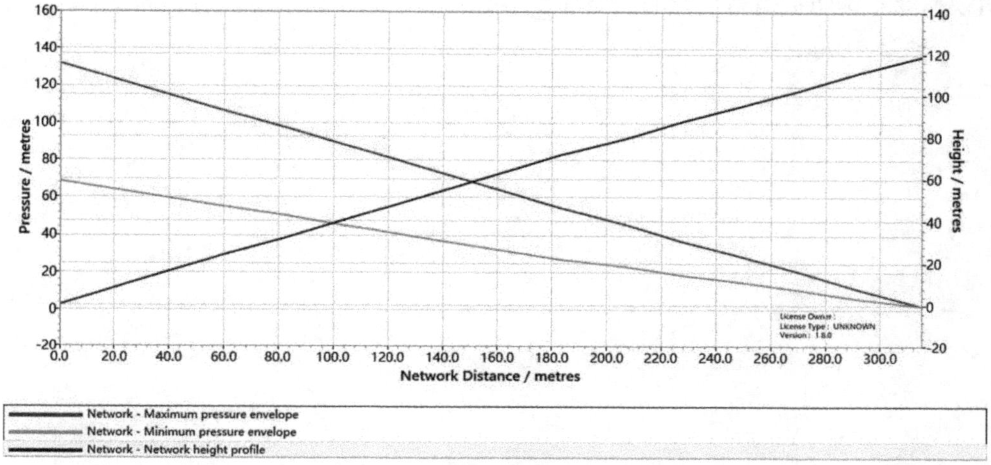

图 3-6-15　泵出口阀门拒动作工况

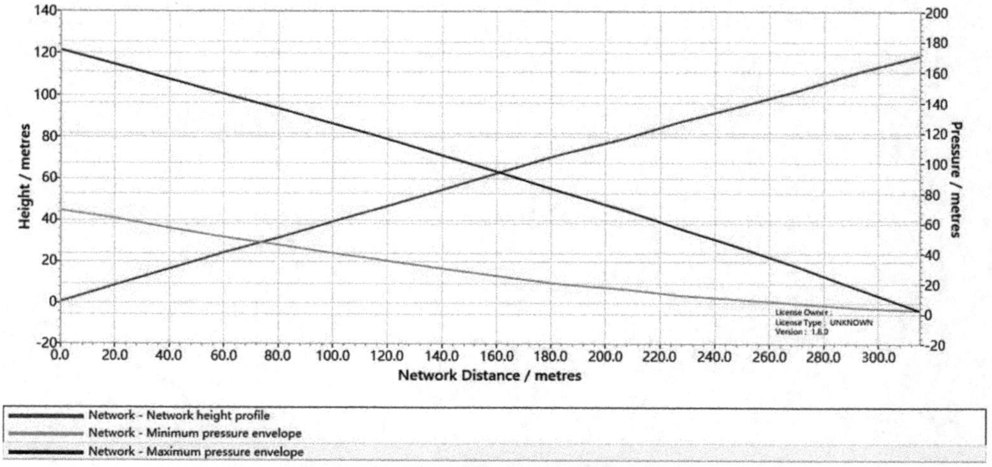

图 3-6-16　泵出口两阶段液控蝶阀关闭工况

6.6　总结论

(1)新建一级站、三级站在不同运行工况下水泵及泵站效率均较高,满足《泵站设计规范》(GB 50265—2010)要求。

(2)新建一级站、三级站在设计时没有变频装置,由数值模拟可知采用变频(变速)调节方式时，水泵效率提高 1%～2%，泵站效率提高 4%～6%。

(3) 采用液控蝶阀加进排气阀联合防护时，压力管路最小压力满足相关规范要求。因此，表明进排气阀能够有效缓解管路负压状态，避免水柱拉断。

(4) 采用的技术资料如果能够提供液控蝶阀实际量测的动态关闭规律对研究成果的合理性更加重要。

(5) 进排气阀口径的确定、进排气系数的准确性及合理性，是供水系统水力过渡过程数值模拟及水锤防护措施选择的关键环节。

参考文献

[1] 冯晓莉,仇宝云,黄海田. 大型泵站经济运行研究进展[J]. 流体机械,2006,34(4):32-37.

[2] 王立. 我国泵系统节能的现状及发展前景[J]. 水泵技术,2012(1):28-30.

[3] 张玉胜,吴建华,李雪转,等. 夹马口取水泵站节能运行优化设计研究[J]. 人民黄河,2016,38(7):142-145.

[4] 王立辉,单长清. 供水系统停泵水锤防止措施的探讨[J]. 冶金动力,2000(2):34-35.

[5] 朱满林. 泵供水系统水锤防护及节能研究[D]. 西安:西安理工大学,2007.

[6] 雷雨. 张峰水库七坡泵站供水工程安全运行模式分析研究[D]. 太原:太原理工大学,2012.

[7] 宋思怡. 长距离大管径输水管道水锤防护研究[D]. 西安:长安大学,2015.

[8] 李强. 基于遗传算法的梯级泵站优化运行研究[D]. 武汉:武汉大学,2005.

[9] Hughes, Trevor C. Optimal capacity of municipal water supply pumps[J]. Journal of the Water Resources Planning and Management Division,1979,105(2):317-328.

[10] Callahan T F, Astill K A. Computer analysis to compare the energy consumption of variable and constant speed pumps for agricultural irrigation[J]. ASAE Publication,1981,2:472-478.

[11] Coulbeck B,Orr C H. Optimized pumping in water supply systems[C]//Budapest, Hung,Bridge Between Control Science and Technology,1985:3175-3180.

[12] Jowitt,Paul W,Germanopoulos,et al. Optimal pump scheduling in water-supply networks[J]. Journal of Water Resources Planning and Management,1992,118(4):406-422.

[13] Brdys M A. Algorithm for optimal scheduling of a class of cascade water supply systems[J]. Optimal Control Applications and Methods,1992,13(4):265-287.

[14] Sousa J,Da Conceição Cunha M,Sá Marques A. Optimal pumping scheduling model for energy cost minimization: Two different resolution methods[C]. Haldiki, Greece,First International Conference on Water Resources Management,2001:25-34.

[15] Moradi-Jalal, Mahdi,Marino, et al. Optimal design and operation of irrigation pumping stations[J]. Journal of Irrigation and Drainage Engineering,2003,129(3):149-154.

后　记

只凭作者是无法完成一本书的。虽然我们从事供水系统的规划设计及运行管理研究多年,但仍感才疏学浅,难以胜任,好在一批学有所长、志同道合的年轻学者、专家给了我们智慧和勇气,使我们完成了这项不算轻松的工作,令我们倍感欣慰。因此,本书从手稿到最后的成书蕴含了许多人直接或间接的努力。

城市给水排水、水利水电的许多人士为我们提供了大量有价值的信息、经验和支持。这些人难以尽述,但我们要感谢其中的每一个人,才使本书终于与读者见面了。

作为供水系统的规划设计及运行管理工作者,凡事都要脚踏实地地去做,不弛于空想,不骛于虚声,而惟以求实求真的态度去实干,以无私无畏的精神去奉献,以超前脱俗的意识精神去创新,以严谨求精的作风去努力,才能体现效率、效果、效益的真正意义。

虽备尝辛劳,但乐此不疲,因为我们坚信:为同行提供一方求真务实的交流阵地,为后人留下一块不易分化的铺路基石。这种奉献是最美好的。

最后还要感谢太原理工大学水利学院研究生郭霄宵、原明泽、刘金昊、耿子健、张丽娜、吴鑫昊、任国鑫、卜什、焦莉雅、张少华、杜卓、孙志勇、辛国伟、王媛媛、张甜甜等的辛勤付出,因为有了他们的陪伴才有本书的出版,在此祝愿他们的生活、学习、工作更上一层楼!

裴双保,晋城市供水保障中心,高级工程师
田完红,晋城市供水保障中心,工程师
张志龙,晋城市供水保障中心,工程师
邮箱:gbgongshui@163.com

2021年4月于山西省晋城市